中國古代鹽運聚落與建築研究叢書

国家出版基金项目
NATIONAL PUBLICATION FOUNDATION

中国古代盐运聚落与建筑研究丛书

丛书主编　赵逵

两淮盐运古道上的聚落与建筑

赵逵　张颖慧　张晓莉　著

四川大学出版社
SICHUAN UNIVERSITY PRESS

图书在版编目（CIP）数据

两淮盐运古道上的聚落与建筑 / 赵逵，张颖慧，张晓莉著. — 成都 : 四川大学出版社，2023.9

（中国古代盐运聚落与建筑研究丛书 / 赵逵主编）

ISBN 978-7-5690-6204-5

Ⅰ. ①两… Ⅱ. ①赵… ②张… ③张… Ⅲ. ①聚落环境－关系－古建筑－研究－安徽 Ⅳ. ① X21 ② TU-092.2

中国国家版本馆 CIP 数据核字（2023）第 121770 号

书　　名：两淮盐运古道上的聚落与建筑
　　　　　Liang-Huai Yanyun Gudao Shang de Juluo yu Jianzhu
著　　者：赵　逵　张颖慧　张晓莉
丛 书 名：中国古代盐运聚落与建筑研究丛书
丛书主编：赵　逵

出 版 人：侯宏虹
总 策 划：张宏辉
丛书策划：杨岳峰
选题策划：杨岳峰
责任编辑：李　耕
责任校对：梁　明
装帧设计：墨创文化
责任印制：王　炜

出版发行：四川大学出版社有限责任公司
　　　　　地址：成都市一环路南一段 24 号（610065）
　　　　　电话：（028）85408311（发行部）、85400276（总编室）
　　　　　电子邮箱：scupress@vip.163.com
　　　　　网址：https://press.scu.edu.cn
审 图 号：GS（2023）4179 号
印前制作：成都墨之创文化传播有限公司
印刷装订：四川宏丰印务有限公司

成品尺寸：170mm×240mm
印　　张：15.75
字　　数：232 千字

版　　次：2023 年 9 月 第 1 版
印　　次：2023 年 9 月 第 1 次印刷
定　　价：108.00 元

扫码获取数字资源

四川大学出版社
微信公众号

序一

XU YI

“文化线路”是近些年文化遗产领域的一个热词，中国历史悠久，拥有丝绸之路、茶马古道、大运河等众多举世闻名的文化线路，古盐道也是其中重要一项。盐作为百味之首，具有极其重要的社会价值，在中华民族辉煌的历史进程中发挥过重要作用。在中国古代，盐业经济完全由政府控制，其税收占国家总体税收的十之五六，盐税收入是国家赈灾、水利建设、公共设施修建、军饷和官员俸禄等开支的重要来源，因此现存的盐业文化遗产也非常丰富且价值重大。

正因为盐业十分重要，中国历史上产生了众多的盐业文献，如汉代《盐铁论》、唐代《盐铁转运图》、宋代《盐策》、明代《盐政志》、《清盐法志》、近代《中国盐政史》等。与此同时，外国学者亦对中国盐业历史多有关注，如日本佐伯富著有《中国盐政史研究》、日野勉著有《清国盐政考》等。遗憾的是，既往的盐业研究主要集中在历史、经济、文化、地理等单学科领域，而从地理、经济等多学科视角对盐业聚落、建筑展开综合研究尚属空白。

华中科技大学赵逵教授带领研究团队多次深入各地调研，坚持走访盐业聚落，测绘盐业建筑，历时近二十年。他们详细记录了每个盐区、每条运盐线路的文化遗产现状，绘制了数百张聚落和建筑的精准测绘图纸。他们还运用多学科研究方法，对《清盐法志》所记载的清代九大盐区内盐运聚落与建筑的分布特征、形态类别、结构功能等进行了系统研究，深入挖掘古盐道所蕴含的丰富历史信息和文化价值。这其中，既有纵向的历时性研究，也有横向的对比研究，最终形成了这套“中国古代盐运聚落与建筑研究丛书”。

“中国古代盐运聚落与建筑研究丛书”全面反映了赵逵教授团队近二十年的实地调研成果，并在此基础上进行了理论探讨，开辟了中国盐业文化遗产研究的全新领域，具有很高的学术研究价值和突出的社会效益，对于古盐道沿线相关聚落和建筑文化遗产的保护也有重要的促进作用，值得期待。

（汪悦进：哈佛大学艺术史与建筑史系洛克菲勒亚洲艺术史专席终身教授）

2023 年 9 月 20 日

XU 序 ER 二

人的生命体离不开盐，人类社会的演进也离不开盐的生产和供给，人类生活要摆脱盐产地的束缚就必须依赖持续稳定的盐运活动。

古代盐运道路作为一条条生命之路，既传播着文明与文化，又拓展着权力与税收的边界。中国古盐道自汉代起就被官方严格管控，详细记录，这些官方记录为后世留下了丰富的研究资料。我们团队主要以清代各盐区的盐业史料为依据，沿着古盐道走遍祖国的山山水水，访谈、拍照、记录无数考察资料，整理形成这套充满“盐味”的丛书。

古盐道延续数千年，与我国众多的文化线路都有交集，“茶马古道也叫盐茶古道”“大运河既是漕运之河，也是盐运之河”“丝绸之路上除了丝绸还有盐”，这样的叙述在我们考察古盐道时常能听到。从世界范围看，人类文明的诞生地必定与其附近的某些盐产地保持着持续的联系，或者本身就处在盐产地。某地区吃哪个地方产的盐，并不是由运输距离的远近决定的，而是由持续运输的便利程度决定的。这背后综合了山脉阻隔、河运断续、战争破坏等各方面因素，这便意味着，吃同一种盐的人有更频繁的交通往来、更多的交流机会与更强的文化认同。盐的运输跨越省界、国界、族界，食盐如同文化的显色剂，古代盐区的分界与地域文化的分界往往存在若明若暗的契合关系。因为文化的传播范围同样取决于交通的可达范围，盐的运输通道同时也是文化的传播通道，盐的运销边界也就成为文化的传播边界，从“盐”的视角出发，可以更加方便且直观地观察我国的地域文化分区。

另外，盐的生产和运输与许多城市的兴衰都有密切关系。如上海浦东，早期便是沿海的重要盐场。元代成书的《熬波图》就是以浦东下沙盐场为蓝本，书中绘制的盐场布局图应是浦东最早的历史地图，图中提到的大团、六灶、盐仓等与盐场相关的地名现在依然可寻。此外，天津、济南、扬州等城市都曾是各大盐区最重要的盐运中转地，盐曾是这些城市历史上最重要的商品之一，而像盐城、海盐、自贡这些城市，更是直接因盐而生的。这样的城市还有很多，本丛书都将一一提及。

盐的分布也带给我们一些有趣的地理启示。

海边滩涂是人类晒盐的主要区域，可明清盐场随着滩涂外扩也在持续外移。滩涂外扩是人类治理河流、修筑堤坝等原因造成的，这种外扩的速度非常惊人。如黄河改道不过一百多年，就在东营入海口推出了一座新的城市。我从小生活在东营胜利油田，四十年前那里还是一望无际的盐碱地，只有“磕头机”在默默抽着地底的石油。待到研究《山东盐法志》我才知道，我生活的地方在清代还是汪洋一片，早期的盐场在利津、广饶一带，距海边有上百里地，而东营胜利油田不过是黄河泥沙在海中推出的一座“天然钻井平台”，这个平台如今还在以每年四千多亩新土地的增速继续向海洋扩张。同样的地理变迁也发生在辽河、淮河、长江、西江（珠江）入海口，盐城、下沙盐场（上海浦东）、广州等产盐区如今都远离了海洋，而江河填海区也大多发现了油田，这是个有意思的现象，盐、油伴生的情况也同样发生在内陆盆地。

盐除了存在于海洋，亦存在于所有无法连通海洋的湖泊。中国已知有一千五百多个盐湖，绝大多数分布在西藏、新疆、青海、内蒙古等地人迹罕至的区域，胡焕庸线以东人类早期大规模活动地区的盐湖就只剩下山西运城盐湖一处，为什么会这样？因为所有河流如果流不进大海，就必定会流入盐湖，只有把盐湖连通，把水引入海洋，盐湖才会成为淡水湖（海洋可理解为更大的盐湖）。人类和大型哺乳动物都离不开盐，在人类早期活动区域原本也有很多盐湖，如古书记载四川盆地就有古蜀海，但如今汇入古蜀海的数百条河流都无一例外地汇入长江入海，古蜀海消失了；同样的情景也发生在两湖盆地，原本数百条河流汇入古云梦泽，而如今也都通过长江流入大海，古云梦泽便消失了；关中盆地（过去有盐泽）、南阳盆地等也有类似情况。这些盆地现今都发现蕴藏有丰富的盐业资源和石油资源，推测盆地早期是海洋环境（地质学称“海相盆地”），那么这些盆地的盐湖、盐泽哪里去了？地理学家倾向于认为是百万至千万年前的地质变化使其消失的，可为什么在人类活动区盐湖都通过长江、黄河、淮河等河流入海了，而非人类活动区的盐湖却保存了下来？实际上，在人类数千年的历史记载中，“疏通河流”一直都是国家大事，如对长江巫山、夔门和黄河三门峡，《水经注》《本蜀论》《尚书·禹贡》中都有大量人类在此导江入海的记载，而我们却将其归为了神话故事。从卫星地图看，这些峡口也是连续山脉被硬生生切断的地方，这些神话故事与地理事实如此巧合吗？如果知晓长江疏通前曾因堰塞而使水位抬升，就不难解释巫山、奉节、巴东一带的悬棺之谜、悬空栈道之谜了。有关这个问题，本丛书还会有所论述。

盐、油（石油）、气（天然气）大多在盆地底部或江河入海口共生，海盐、池盐的生产自古以日晒法为主，而内陆的井盐却是利用与盐共生的天然气（古称“地皮火”）熬制，卤井与火井的开采及组合利用，充分体现了我国古人高超的科技智慧，这或许也是中国最早的工业萌芽，是前工业时代的重要遗产，值得深度挖掘。

本丛书主要依据官方史料，结合实地调研，对照古今地图，首次对我国古代盐道进行大范围的梳理，对古盐道上的盐业聚落与盐业建筑进行集中展示与研究，在学科门类上，涉及历史学、民族学、人类学、生态学、规划学、建筑学以及遗产保护等众多领域；在时间跨度上，从汉代盐铁官营到清末民国盐业经济衰退，长达两千多年。开创性、大范围、跨学科、长时段等特点使得本丛书涉及面很广，由此我们在各书的内容安排上，重在研究盐业聚落与盐业建筑，而于盐史、盐法为略，其旨在为整体的研究提供相关知识背景。据《清史稿》《清盐法志》记载，清代全国分为十一大盐区：长芦、奉天（东三省）、山东、两淮、浙江、福建、广东、四川、云南、河东、陕甘。因东北在清代地位特殊，长期实行“盐不入课，场亦无纪”，而陕甘土盐较多，盐法不备，故这两大盐区由官府管理的盐运活动远不及其他九大盐区发达，我们的调研收获也很有限，所以本丛书即由长芦等九大盐区对应的九册图书构成。关于盐区还要说明的是，盐区是古代官方为方便盐务管理而人为划定的范围，同一盐区更似一种“盐业经济区”，十一大盐区之外的我国其他地区同样存在食盐的产运销活动，只是未被纳入官方管理体制，其“盐业经济区”还未成熟。

十八年前，我以“川盐古道”为研究对象完成博士论文而后出版，在学界首次揭开我国古盐道的神秘面纱，如今，我们将古盐道研究扩及全国，涉及九大盐区，首次将古人的生活史以盐的视角重新展示。食盐运销作为古代大规模且长时段的经济活动，对社会政治、经济、文化产生了深远的影响。古盐道研究是一个巨大的命题，我们的研究只是揭开了这个序幕，希望通过我们的努力，能够加深社会公众对于中国古代盐道丰富文化内涵的认知和对于盐运与文化交流传播关系的重视，促进古盐道上现存传统盐业聚落与建筑文化遗产的保护，从而推动我国线性文化遗产保护与研究事业的进步。

于哈佛

2023年8月22日

两淮盐区分为淮南、淮北两部分，是运销盐最多的盐区。两淮盐区是明清中国最大的盐销区，也是国家盐税的主体、财政的支柱，是江苏东部沿海聚落兴衰的根源，其运输路线覆盖苏、皖、赣、湘、鄂、豫六省。稳定、持续的盐业生产、运销活动，促进了盐运线路上扬州、盐城、海州、淮安、仪征、河下镇等一系列名城古镇的形成，也造就了一批盐业会馆、庙宇、盐商宅居等典型建筑，特别是控制淮南盐业的徽商，创造了徽州古村和民居的辉煌，因此，盐业经济对沿线聚落的兴衰、建筑文化的传承产生了深远的影响。两淮盐业文化的影响，无论是从地域范围的角度来看，还是从时间跨度的角度来看，均是其他盐区无法比拟的，如何对两淮盐业文化进行由“点”到“线”再到“面”的动态层次分析，是本书关注和思考的核心问题。

QIAN YAN

前言

本书的特色主要体现在以下三个方面。

第一，从“点”入手，分析聚落和建筑与淮盐文化的关联。聚落、建筑是淮盐文化的物质载体。任何一个聚落、建筑的形成必然有其外在的需要，也必然有其背后的文化推力。纵然时过境迁，后世社会需求已变，但其在当时的形成动因依然是有迹可循的。淮盐的生产直接促进了江苏东部沿海产盐聚落的形成，其聚落、建筑的构成要素皆因生产需求而出现，各要素之间也因生产技艺而联系，同时聚落和建筑的分布还受到制盐生产流程的制约，所以产盐聚落、建筑实则是淮盐生产文化的外在体现。运盐聚落则承担着盐运职能，本书从盐运的视角分析其分布格局、选址特征和空间形态，发现盐业经济在很大程度上促进了运盐聚落核心区的形成和重要建筑的修建，这两者又对聚落整体空间的发展有着风向标的作用，从而建立了运盐聚落、建筑空间与淮盐文化之间紧密的联系。

第二，以“线”串联，注重文化传承、演变与两淮盐运的关系。在古代，某城吃某地的盐，意味着两地之间拥有持续稳定的便利交通，也意味着两地之间存在更多的交流机会与更强的文化认同。盐的运输通道其实是文化的渗透通道，盐的运销边界其实也就是文化的渗透边界。本书基于对大量古文献的阅读理解和古今地图的对比，横向总结了不同盐运线路上聚落与建筑的共性特征，再从纵向的角度分析了在淮盐生产技艺改进、运输方式改变以及盐业经济兴衰等因素影响下，盐业聚落与建筑的发展历程和特点，试图从盐运视角出发，将两淮盐运古道上的聚落与建筑串联起来，揭示其所承载的盐业文化的传承与演变进程。

第三，用“面”统领，关注区域层面传统建筑文化的兴衰更迭。同一盐业政策覆盖的多条盐运线路之间几乎有着相似的盐文化。本书主要从交通运输方式改变、地理环境变迁、盐业经济兴衰三个角度分析两淮盐区的演变进程，构建建筑文化分区与盐业分区的映照关系，并从区域层面分析传统建筑文化兴衰与盐业经济起伏的重合度。

本书能够出版，首先应该感谢赵逵工作室的全体成员，是大家的共同努力和研究积累，丰富和充实了本书内容。特别要感谢张钰老师，她在团队实地调研过程中给予了全方位的后勤支持，在书稿策划、出版协调过程中付出了大量的精力和心血。希望本书的出版，能够拂去弥散在淮盐古道上的历史尘埃，展现其庐山真面目，为我国文化遗产研究再添一笔。

目录 MULU

目录

大禹殿
西宫
东宫
御膳房
龙王殿
西配殿
东配殿
西御花园
东御花园
怡殿
鼓楼
钟楼
御碑亭
山门
海晏牌坊
河清牌坊
龙泉
戏台

第一章 两淮盐业概述

本书所探讨的清代两淮盐区（图 1-1），据嘉庆《两淮盐法志》记载，包括江苏四府二州（今淮安、徐州、连云港、扬州、南京、南通）、安徽八府五州（今宿州、蚌埠、亳州、阜阳、淮南、滁州、合肥、巢湖、六安、安庆、池州、桐城、芜湖、马鞍山、宣城）、江西十府一厅（今九江、景德镇、南昌、鹰潭、抚州、新余、宜春、萍乡、吉安、上饶）、湖南九府一厅二州（今岳阳、常德、张家界、怀化、湘西、益阳、长沙、娄底、湘潭、株洲、邵阳、衡阳、永州）、湖北九府一州（今咸宁、黄石、鄂州、黄冈、武汉、孝感、仙桃、天门、潜江、荆州、荆门、宜昌、襄阳、十堰、随州、神农架林区）、河南一府一州（今信阳、驻马店）。

图 1-1　清代全国九大盐区范围及两淮盐区主要区域与重要盐场位置示意图①

① 各盐区的范围在不同时期不断有调整，本图是综合清代各盐区盐法志的记载信息绘制的大致示意图。具体研究时，应根据当时的文献记载和实践情况来确定实际范围。

第一节

两淮盐区概况

两淮盐区是我国历史最为悠久的海盐产区之一，因盐场分别位于古淮河南北而得名。自春秋时起，两淮地区便与内陆有了较为深入的经济往来，并逐渐形成多条稳定的食盐运输线路，此后又在多方面因素综合作用下逐渐发展，最终形成了一套复杂的食盐运输体系。该体系以两淮盐场为起点，以水陆交通线路为载体，自东向西辐射苏、皖、赣、鄂、湘、豫等地，并影响着沿线盐业聚落和建筑的发展演变。

一、两淮盐区的自然地理条件

两淮盐区范围北至皖豫苏鲁交界，西部和西南有大巴山脉、巫山山脉、武陵山脉阻隔，南部有南岭山脉、武夷山脉，东至江苏沿海，盐区由黄淮平原、江淮平原、江汉平原、鄱阳湖平原和洞庭湖平原等构成（图 1-2）。盐区内有众多水系，包括淮河、京杭运河（中运河、淮扬运河）、长江、古黄河等河流，以及洪泽湖、巢湖、鄱阳湖、洞庭湖等湖泊。密集的河湖网络使得水运成为淮盐最重要的交通运输方式，盐区内诸多河流都承担了盐运功能。其中，与淮北盐运关系最为紧密、运输距离最远、运输范围最大的河流为淮河及其支流，与淮南盐运关系最为紧密、运输距离最远、运输范围最大的河流则是长江及其支流。

两淮盐区内地形地貌变化最大的当属淮河流域。淮河自南宋时期起就一直受到黄河南徙的影响，黄河河道的迁徙对淮北盐区的地

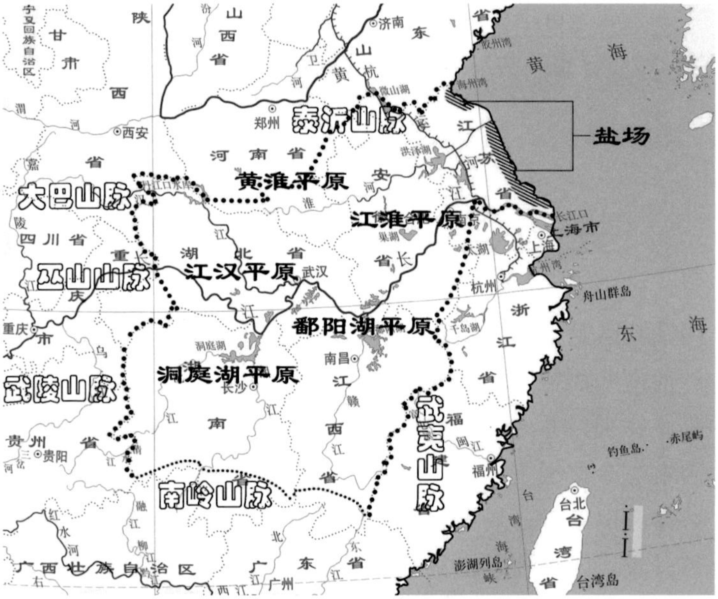

图 1–2　两淮盐区山脉地形示意图

形地貌产生了巨大的影响，盐区北部即为黄河泛滥形成的黄泛区所阻隔。

“黄河夺淮”还对两淮盐区的盐产地产生了很大的影响。在黄河侵淮入海前，海岸线在相当长时间内较为稳定。自南宋建炎二年（1128 年）黄河由泗入淮，至清咸丰五年（1855 年）的七百多年内，黄河夺淮入海带来大量泥沙，导致海涂增长迅速。得益于滩地淤涨所提供的丰富土地与广阔的生产空间，两淮盐场在明清两朝迅速向东扩张。

二、两淮盐区的历史沿革

两淮盐业历史悠久，成型于春秋，发展于汉唐，并于明清之际达到鼎盛。春秋时期产盐活动较为自由，食盐多为民制，部分官收。汉代武帝行盐铁专卖，食盐产、运、销均收归官府，并于盐区设立“盐仓城”和“盐渎县”。唐代刘晏改革，疏通运道，黄河、运河、淮河的水道由此成为两淮盐业的发展命脉，两淮盐业就此兴盛。下文分三个时间段来展示自唐以后两淮盐业的发展历程。

（一）黄河夺淮（1128 年）前

唐代，刘晏行盐政改革，统盐铁与漕运，通汴河以连接黄河、淮河与运河。两淮盐业是国家财政的支柱，也是刘晏盐政、财政改革的重点。彼时，淮北盐区设有涟水盐场，淮南盐区设有盐城、海陵二监，下设若干盐场，且有“巡院机构”统一管理两淮盐区，实行就场专卖制度。畅通的河道便于两淮盐税输往朝廷的同时，亦便于食盐运往销区，满足民众日常所需。光绪《亳州志》载：“宋仁宗康定元年，诏三司议通淮南盐给京东八州，于是兖、郓、宿、亳皆食淮南盐矣。”可以看出，至宋代，淮河流域与黄河流域之间的航道仍是十分畅通。这一运输通道除运送粮、盐、铁等专营物资外，还是丝、帛、茶、瓷、药材、手工业制品等商品南北交流、行销全国乃至转运出口的主要通道。这一时期是中国古代经济空前繁荣的时代，盐运线路沿线众多城镇应运而生，推动和刺激着中国传统商业经济、城市经济的进一步繁荣与发展，两淮盐业也就此迎来了第一个繁荣时期。

（二）黄河夺淮期间（1128—1855 年）

自南宋起，黄河持续夺淮，对两淮盐业造成了很大的影响。这段时期黄河失治，经年泛滥于中原，其夺淮分为两个时期：首先在南宋至明万历年间，黄河曾多股分流入淮，侵占汴水、泗水、颍河、涡河等河道；其次是在明万历之后，黄河干流夺泗入淮，其间偶有夺涡、颍入淮的情况发生。黄河夺淮对淮南与淮北盐业产生的影响略有不同。

黄河夺淮对淮南盐区的发展有一定的促进作用。淮南盐区因运道以长江及其支流为主，所以黄河夺淮并未对其运销产生根本性的影响。并且，黄河干流夺淮后，大量泥沙淤积于入海口，经海岸洋流作用，淮南产区海岸线迅速东移，生产空间快速增加，加之此时盐政改革和技术革新的共同作用，淮南盐业规模快速扩张。

而淮北盐区则因黄河夺淮影响了主要运道，所受影响极大。黄河河道变迁对淮北盐区的影响具体表现为：首先，导致了汴水河道淤平；其次是造成了连接涡河、颍河通往开封的惠济河、贾鲁河淤堵，阻断了淮北食盐北运的线路，并基本形成了明清沿涡河水系运至亳州、沿颍河水系运至太和的局面（图 1-3）；最后，运道不通导致沿线城镇发展受阻，社会动荡不安，淮北盐业发展倒退，虽自明代起，经开中法、纲盐法的实施以及同时期对黄河的一系列治理，淮北盐业得以恢复发展，但其规模仍未超过淮南。

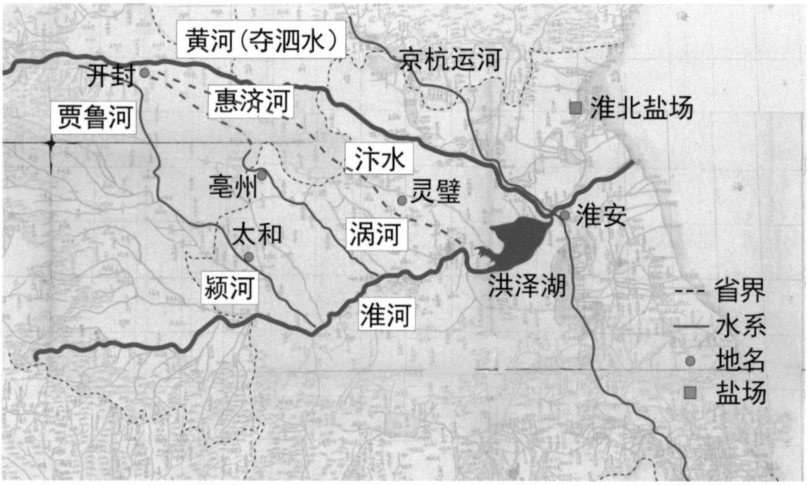

注：底图来自《皇舆全览分省图》。

图 1-3　淮北盐运水道

（三）黄河北徙（1855 年）后

清咸丰时期到清末，黄河北徙，两淮盐区整体呈现北盛南衰之势。黄河北徙后，淮北盐区水系恢复稳定，行盐区域延续明代的划定，盐运延续以淮河干、支流水运为主导，陆运驿道为补充的格局，盐区内呈现沿淮河进行东西向的文化交流这一稳定状态。其间黄河虽偶有南徙，社会也较为动荡不安，但整体相对稳定。后津浦铁路修通，更新了交通运输方式，而淮北盐区生产工艺的改进则带来了产量的大幅提升，从而极大地促进了淮北盐业的发展。

清末，因太平天国运动阻断长江运道，食盐难以外运，淮盐销区逐渐缩小，加之盐政积弊已久，盐商资金无法周转，导致产盐区向“废灶兴垦”的方向发展。因而盐业重心北移，两淮盐区形成了北盛南衰的整体格局。

在漫长的两淮盐业发展史中，黄河夺淮这一自然地理现象带来的影响是巨大的（图 1-4）。黄河南徙之前，行盐畅通，区域经济发达；而黄河持续改道则对两淮盐区的交通运输造成了持续干扰，也影响了生产区的地质环境，从而深刻影响到两淮盐业经济的发展及盐道沿线城镇的兴衰变迁。

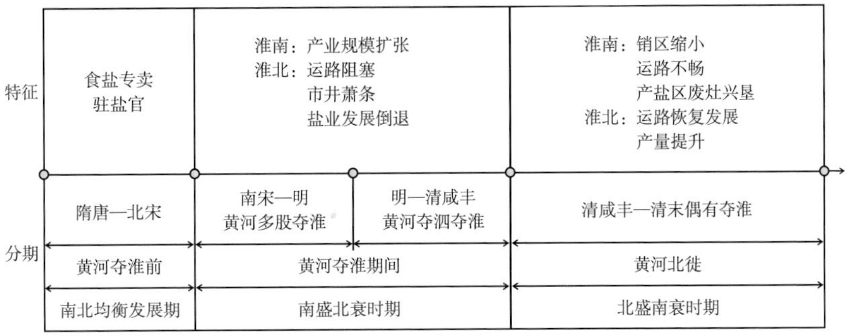

图 1-4　两淮盐业阶段发展特征

三、两淮盐业的生产技艺

（一）淮北盐的生产方式

明代淮北有徐渎、板浦、临洪、兴庄、莞渎五个盐场，属淮安分司管辖。五个盐场随着时间的推移而演变：原徐渎场位于海岛之中，随着海岸线东迁，徐渎场所在岛屿渐渐与陆地连为一体，便归并于板浦盐场中；临洪场与兴庄场合并为临兴场；莞渎场并入中正场（图 1-5）。清代，淮安分司已移往海州，改称为海州分司，下辖板浦、中正和临兴三场，常设机构驻板浦镇。

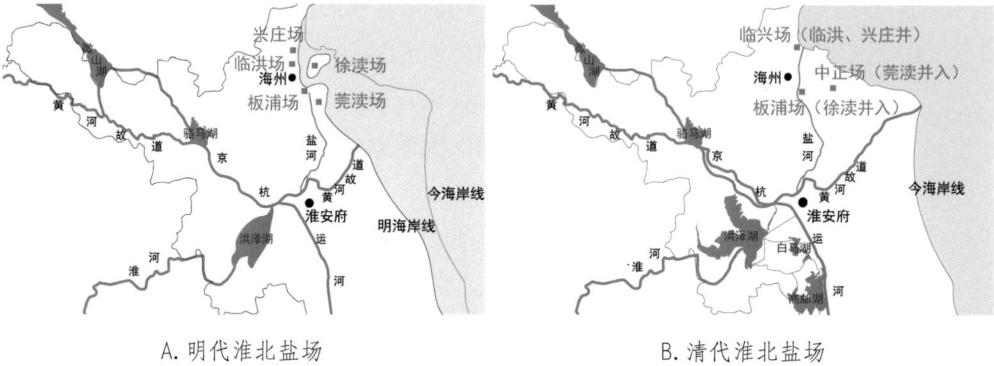

图 1-5　明清淮北盐场变迁图

除临兴场外，中正、板浦场都设在滩地淤涨比较突出的地带，即明清时期靠近黄河入海口的地方，使得两盐场拥有大量摊晒制盐的场地。因此，中正、板浦两场的盐产量也占据了淮北盐总产量的绝大部分。临兴场海岸线则相对较为稳定，滩地淤涨较少，盐产量也较低，至清末民国时期已经不再产盐。

《明史 • 食货志》记载 :“淮南之盐煎，淮北之盐晒。”明代起，淮北盐的生产方法经历了由传统煎盐法到晒盐法的变革，这是由黄河侵淮引起的。黄河携带大量的泥沙入海，改变了土质条件，并造成了海岸线东迁。大量的泥沙致使苏北海岸段形成大片淤泥质黏土层，原来砂质海岸转变为粉砂质淤泥质海岸。这种黏土层渗透力小，保卤能力强，为淮北晒盐的出现准备了地理条件。海岸线东迁提供了大量的盐池曝晒场地，有利于扩大生产规模。总体来说，在淮北盐的生产方面，黄河夺淮是有积极影响的。

淮北晒盐法不同于煎盐法，利用晒盐法的盐场通常由蓄卤池、戽沟、盐池组成，戽沟用以将海水引入蓄卤池，再将卤水引入盐池中，盐池通常筑有九道，卤水从头道至九道分池套晒，盐粒依靠晒卤可得（图 1-6）。

图 1-6 淮北晒盐图

晒盐法的操作程序较煎盐法更为简便，需要的人力也比较少（图1-7）。因煎盐必须消耗大量燃料，并需要盐民逐灶熬煮，其制作过程烦琐。晒盐技术的革新，为淮北盐场提供了产量提升的可能。

注：图片来自嘉靖《两淮盐法志》。

A. 北场晒盐图

注：图片来自嘉靖《两淮盐法志》。

B. 南场煎盐图

图 1-7 淮北、淮南盐生产图

虽然晒盐法产量较高，但自晒盐法出现以来，淮北盐场的产能却一直被人为抑制，这主要是因为淮北盐销售市场很小，官府便重南轻北。至清末，淮南盐业在废灶兴垦浪潮中走向衰败，而淮北盐场快速发展，清廷采取北盐南运的措施，淮北盐的销量因此大增，长期以来两淮盐场南重北轻的格局出现逆转。

（二）淮南盐的生产方式

清初，淮南盐场沿承明代的规模，设有三个分司，分别位于通州、泰州和淮安，淮南二十五场由这三个分司共同管理（图 1-8）。

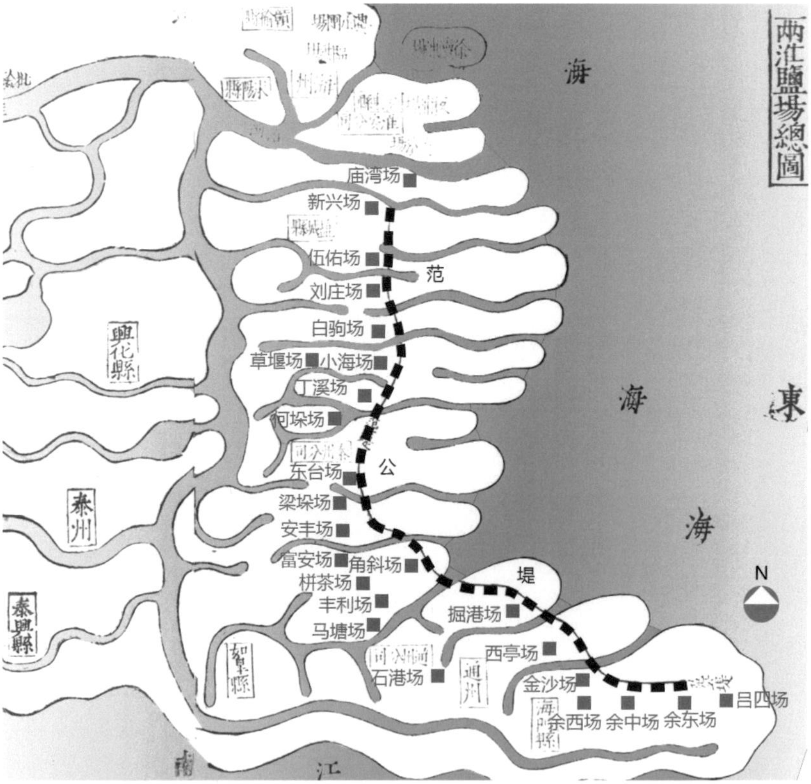

注：底图来自嘉靖《两淮盐法志》。

图 1-8　明代淮盐盐场分布图

通州分司辖丰利、马塘、掘港、石港、西亭、金沙、余西、余中、余东、吕四十场，泰州分司辖富安、安丰、梁垛、栟茶、角斜、东台、何垛、丁溪、草堰、小海十场，淮安分司辖白驹、刘庄、伍佑（也作伍祐）、新兴、庙湾五场。另外，明代天赐场于弘治十年（1497 年）并入庙湾场。但因明末清初战火频仍，两淮地区也成为重点抢夺对象，许多盐场的灶户为躲避战乱四处奔逃，盐场多有荒废。虽清早期政府颁布了相应的鼓励政策以促进淮盐发展，但有些盐场因环境变迁、生产条件改变等原因一直未能再次发展起来。为便于管理以及集中生产资源，乾隆三十四年（1769 年），清政府将原本淮南二十五场合并为二十场（图 1-9），由泰州分司和通州分司分别管理。泰州分司辖庙湾、新兴、伍佑、刘庄、草堰、丁溪、何垛、梁垛、东台、安丰、富安十一场，通州分司辖角斜、栟茶、丰利、石港、掘港、金沙、余西、余东、吕四九场。

淮南盐的生产以煎盐法为主，其生产步骤主要分为修建房屋、开辟摊场、引纳海潮、浇淋取卤、煎炼成盐五步。

1. 修建房屋

盐户集中居住，一则便于生产，二则可以防止私盐的产生。煎盐法制盐，必须以“团”为单位修筑生产点。团外设有围墙，类似于城墙；团内凿井开池，储存加工海水后获得的卤水。为防止卤水被雨水稀释，在卤池和卤井上也需用屋顶覆盖（图 1-10）。

修建房屋是盐业生产的第一步，亦是产盐聚落形成的开始。清代，海岸线东迁，生产规模不断扩大，原来的基本生产单位已不能适应新的环境。故围墙被打破，新的功能分区出现，其中管理、生活和商业区仍位于产盐聚落最初形成的位置，只生产区随着海岸线一路东迁。

2. 开辟摊场

卤水的取得靠晒灰，晒灰的场所称为摊场，即盐田。摊场选址后，需进行牛犁翻耕、敲泥拾草、削土取平等工序，直到场地如镜面般

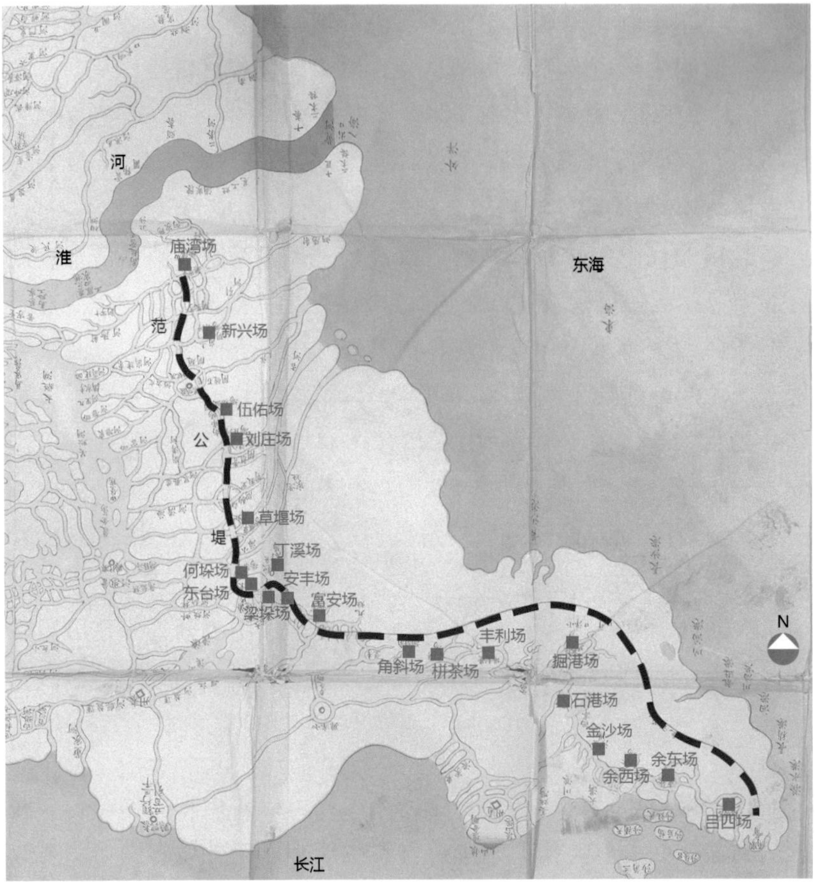

注：底图来自《两淮盐场及四省行盐图》（该图原无图题，此为笔者据该图附说自拟。据图说所标行政建制推断，该图应绘于乾隆初年。后文简称《四省行盐图》）。

图 1-9　清代淮盐盐场分布图

干净平坦，方可使用（图 1-11）。摊场的位置决定了生产区的位置，生产区靠近摊场，随着时间的推移，摊场位置会发生改变，因此，生产区的位置也不是一成不变的。摊场周围及中间修有小渠以引导海水。灰淋（灰坻）为四方形的土窟，旁掘卤井，与灰淋均为土块筑垒，二者相通，供取卤用。摊场是产盐聚落的一部分，摊场的选址将会对聚落空间的形成产生重要的影响。

图 1-10 《熬波图》中的灶丁修建盐场房屋图

图 1-11 《熬波图》中的灶丁开辟摊场图

3. 引纳海潮

前两步基本完备以后，即可开始生产。生产的流程是从引进海潮开始的，“每团各灶须开通海河道，港口作坝，令开月河，候取远汛，以接海潮”。每年六七月是制盐的旺季，“用水浩大，海潮虽遇大汛，亦不入港，必须雇夫将带工具，就海开河，引潮入港，用车戽接”。“车”即水车，“逐级接高，戽咸潮入港”（图 1–12）。而引海水的河沟“每为沙泥壅涨淤塞”，每年都要“捞洗以深之”。海潮的顺利引进是海盐生产的前提，而港口、堤坝和月河则是海盐生产不可缺少的基础设施，这也奠定了今天江苏东部沿海河网密布的格局。

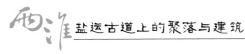

图 1–12 《熬波图》中的车接海潮图

4. 浇淋取卤

海水引进后，盐工将海水引入盐田之中摊晒。当盐田之中的海水有盐析出之后，盐工用扫帚将盐场中的咸灰扫聚成堆，并用水浇淋，之后使浇淋所得卤水流入井内，并用石莲测试卤水浓度：如果石莲都浮起，则卤水为上乘；如果没有，则说明浇淋过淡，需次日再晒。

5. 煎炼成盐

摊场上取得卤水后，便用船运至团中，加以煎炼。煮盐时用盘铁、锅撇，盘铁为大型铁铸煎盐器，适于“团造”生产。盘铁下用草荡中获取的柴薪煮煎。煮时根据卤水的浓淡，采用不同的方法将盐沥干，制成干盐。

经过以上生产流程后，淮南盐的成品色白、粒小、味咸，深受各销岸百姓的喜爱。但随着时间发展、社会变迁和海岸线东移，淮南盐统领两淮盐业的格局到了清晚期发生了重大的转变。清道光以后，社会经济萧条，全国战火频仍，尤其是太平天国运动的爆发，使得长江航运受阻，淮南盐无法依托长江到达两湖销岸，故而很快便失去了销量最大、最为重要的湖南、湖北两地销岸，运销量锐减，而产量却未相应减少，不久之后淮南盐陷入滞销的困境。同治、光绪年间，战乱平复后，湖北、湖南一度恢复为淮盐的销售口岸，淮南盐业也因此再次得到发展，成为两淮盐业的主力，但淮南盐业衰退的整体趋势并未改变。

第二节

两淮盐业管理

一、两淮食盐运销

（一）两淮食盐运销范围

淮盐生产和运销两个环节中，运销不仅直接关系到整个淮盐产业链的正常运转，还关系到盐商资本的周转和淮盐税收的稳定，因而清政府一直十分重视淮盐运销区的稳定。清承明制，两淮盐运销范围覆盖了淮河流域和长江中下游流域，跨苏、皖、赣、湘、鄂、豫六省。其中，淮南盐销区沿长江流域展开，淮北盐销区主要沿淮河流域展开（详见书后附录《两淮行盐表》）。在两淮盐区中，湖北的襄阳府和郧阳府在盐区划分时为淮盐销售区，但因靠近川盐产区，且在当地淮盐价贵质次，故当地并无淮盐销售，襄阳府樊城分销局的官员程麟在《录稿备观》中称，当地绝无水贩运销淮盐。所以在分析淮南盐销售区域时，实则不包含襄阳、郧阳二府。清代，除了划分固定盐销区外，政府还对各个销岸中的每个地区所销售的淮盐引数做出了明确规定，如此既有利于政府控制税收，又能够在运销过程中方便查验，在一定程度上杜绝私盐。

（二）两淮食盐运销管理

两淮盐场位于江苏东部沿海，食盐主要通过水路由东向西运输销售。这一运输线路过长，政府对其有着严格的管理。为查缉私盐、堵截私贩、发放验单、杜绝偷漏夹带，在淮南的泰州坝、淮北的永丰坝均设监掣官。淮安、仪征设批验所，所设大使，负责批验、统计等事。扬州设盐捕营，有都司、千总、把总、外委等职员，并有负责缉私的马步兵数百人。除此之外，在各水路要处均设有关卡，以防止食盐的走私、避税，有的关卡负责征收盐税，有的负责查验，有的负责缉私。比如正阳关总局下辖正阳北卡、正阳南卡、怀远分卡、颍河口分卡、寿州分卡等。再比如，河南汝宁是淮盐销区，因芦盐私侵，汝宁久成废岸，朝廷便在新蔡与洪汝两河交汇处设关卡堵私。为了促进淮盐的销售，咸丰之后，还在南昌、汉口、长沙、大通等口岸设督销淮盐总局，下设分局若干，分局以下又辖销售子店。

二、两淮盐法制度

（一）由专营到征税的盐法制度

由明至清，两淮盐法制度以“开中法”开始，“纲盐法”过渡，“票盐法”结尾，经三次改革后整体由专营制转向征税制。明清时期两淮食盐无论是产量还是税收均居全国首位，因而其制度的变革基本成为明清全国盐业的先驱，其他各区盐政多以两淮为范本进行适应性调整。明代早期国家对盐业实行“开中法”，官府以盐引作为报酬与商人换取粮草，以供边防军需。在此过程中，虽运销由盐商经营，但生产资料归朝廷所有，因而此时两淮盐业主要为专营经济，官府是唯一的管理、控制、收购单位。但至明中期，由于盐引超发，盐政败坏，开中法无以为继。两淮最早改行“纲盐法”，这是明清时期两淮盐区实施时间最长、影响最大的盐业制度，也是两淮盐法由专营制向征税制过渡的转折点。此政策下，朝廷明确规定了两淮盐的行销范围和运销路线，商人只能按照既定路线在划定的行销范围内销盐。而盐销区的划定、行盐路线的明确，不仅规定了两淮盐的产运销范围，更从宏观和中观两个角度确定了淮盐文化“线”与“面”的传播范围，因为在纲盐法中，盐商扮演极为重要的角色，他们不再是普通的商人，而是带有一定行政职能的官商，这一特殊的角色使得他们积累了巨额财富，他们不仅兴建住宅、会馆、园林等，还因尚儒而多出资新建书院、慈善机构等，如此，两淮盐商便对盐运线路沿线聚落和建筑的发展起到了重大的促进作用。但一项政策总是利弊皆具，随着时间的推移，纲盐法的各种弊端逐渐显现，而太平天国运动阻断长江航运使其弊端更加突出，至清光绪年间，两淮盐业已是积重难返，因而陶澍于淮北“改纲为票”，将原本的大额盐引拆分成小额盐引，并降低盐商认引门槛，减少运销成本。如此，解除了盐商官商的身份，在一定程度上振兴了两淮尤其是淮北的盐业，增加了国家税收，改善了灶民的生活。

（二）由合并到分离的政商关系

明清两淮盐业由专营到征税的管理制度变革带来了政商关系由一体到分离的变化。盐业运销政策的变革为商人资本的介入打开了大门，商人资本逐渐参与两淮盐业经济运转的每一个环节。明初实行的开中法打破了唐代以来国家专营的制度，允许商人参与食盐的运销环节，这是商人进入盐业经济的第一步，但此时商人与灶户不能直接进行交易，盐商资本还未入场。后由于盐引印发与实际产盐量严重脱节带来的交易周期过长以及资金无法周转等问题，商人团体开始出现分化，分为边商、场商、运商、岸商四类。边商将粮运往边地换取盐引后，转卖给场商，场商拿引，下场支盐后，转卖给运商和岸商。至明中期，余盐开禁，场商可直接与灶户接触，收购灶户手中余盐，但此时灶户手中的正盐仍不能直接与场商交易。直到万历改行纲盐法后，政府只卖引不收盐，商人自行赴灶收买正、余二盐，至此“政商分离”，盐商获得了在政府监督之下从事食盐产、运、销的全权。同时，盐商的进驻、民间资本的流入、盐业政策的变革，促使盐业聚落的社会分工、人口结构、管理模式发生改变，从而推动聚落的市镇化发展。至清末试行票盐法后，经专商裁革，盐商原有官商身份被取消，自此政府与盐商彻底解绑，各自运行。

第三节

两淮盐商及其活动

一、两淮盐商

（一）淮北盐商的组成

盐商是文化传播交流活动的主体，他们对盐区的聚落形成、建筑技艺交流、文化传播等都造成了重要影响。在淮北从事盐业运输的商人统称为淮北盐商。元末群雄当中的张士诚即为淮北白驹场附近乡民，其幼年运盐，长大贩卖私盐，后率盐民起义，建立吴国，定都平江府（今苏州），在历史上留下浓墨重彩的一笔。

明代，在开中制与商屯的条件下，山西商人与陕西商人凭借靠近边防的优越地理条件，纳粮中盐并在淮经营，他们是早期淮北盐商的主体。与此同时，徽商中的一部分人也在利益的驱使下远赴九边，纳粮中盐。他们往边镇贩运粮食等物资，从北方的甘肃、宁夏、大同等地得到仓钞，再到扬州的两淮都转运盐使司换取盐引，后支盐于淮北贩卖，大获其利。

后来，徽商凭借靠近两淮的地理优势和手中的钱财，势力逐渐增强并超过山陕商人，从而成为淮北盐商的主体。明代叶淇首先在两淮盐区推行“开中折色”制度，这样盐商只需要在各地盐运司缴纳银两即可，省去了去边疆纳粮这一烦琐的过程。道光年间，票盐制的实施导致许多在淮北业盐的大徽商失去世袭的权利而纷纷破产，至此淮北盐商多由中小型商贩组成。

（二）淮南盐商的组成

淮南盐商一直以徽商为主，又分为散商和总商：散商指的是资本相对较少、运盐量较小的淮盐商人，这类商人由于稳定性相对较差，故其请盐引须由总商作保，并由总商督办管理；总商则由政府选择，“两淮旧例于商人之中择其家道殷实者，点三十人为总商，历年开征之前，将一年应征钱粮数目核明，凡散商分隶三十总商名下，令其承管催追”[①]。随着盐业经济的发展壮大以及原本制度缺陷等原因，“总商”又被分为了大总和小总。雍正二年（1724年）核准“历年巡盐于三十总商之内，择其二三人或四五人点为大总”[②]。因“大总”往往“借端多派，鱼肉众商，深为众商之害”，故而后经户部和两淮盐政衙门集议后题准革去。然而，到了清代中期，出现了集众多权力于一身的“首总”。自此，两淮盐商组织中实际形成了“首总—总商—散商”这样的格局。

首总是由于淮盐商人与皇室、政府相通，双方各取所需而产生的。由相关文献记载来看，首总出现的时间与康、乾二帝数次南游的时间恰好相吻合，且皇室南游期间的一切费用均是出自两淮盐务机构和盐商，甚至当时还出现了一个特殊的名目叫“办贡办公”，指的便是为皇帝提供出游所需的一切花销。专门主持操办一切事务的总商代表，最易接近皇帝获得赏识，成为首总。因而徽商在康、乾二帝南游之时，极力拉近与皇家的关系，最终获得乾隆帝的青睐，成为两淮盐务的总商。乾、嘉、道三朝，两淮盐务首总共有八位，其中四位均是徽州商人，故而此时徽商已对两淮盐业占有绝对的控制权。首总设置之初，两淮官、商在财务上是各自独立的。但后来随着朝廷苛捐的频繁，两淮盐政衙门空虚，不得不向身为首总的徽商拆借，而徽商为获得更多的利益，便乘此机会逐渐渗透到了盐政管理之中，成为两淮盐业实际的掌权人，从而牢牢控制了淮盐从生产、运输到销售的各个环节。

二、两淮盐商的活动范围

两淮盐务最高管理机构位于扬州，分管机构分别位于淮安、泰州、

① （清）赵宏恩修：《江南通志》卷八十一，文渊阁四库全书本。
② （清）赵宏恩修：《江南通志》卷八十一，文渊阁四库全书本。

通州。依纲盐法，盐商不仅仅是单纯的商人，更是政府登记在册的官商，这使得盐商们尤其是其中编在纲册的盐商往往选择居住在扬州、淮安、泰州、通州四处，以靠近两淮盐政部门，方便处理各项盐务。

盐商的活动围绕着盐的生产和运输进行，少不了与官府打交道，总的来说，盐商多于扬州、淮安、泰州、通州以及各盐场活动，其活动范围呈现出以扬州为核心（图 1-13），以淮安、泰州、通州为支点的整体格局。

图 1-13　扬州盐宗庙

记载盐商在淮、扬活动的文献不在少数。明代《淮安府志》记载：淮安“民惮远涉，百物取给于外商”[①]。清代淮安杨庆之的表述进一步反映了淮扬盐商活动的盛况：“淮北为纲盐都会，又南北通衢，食货骈集，商家尤夥。自新安来者，程、汪、鲍、曹、朱、戴；山西来者，阎、李、乔、杜、高、梁；云南来者，周、何：悉商家也。”[②]其中，徽商最早定居扬州经营两淮盐业，因淮北盐场离扬州

① （清）葛之莫修，（清）陈哲纂：《睢宁县旧志》卷七，民国十八年铅印本。

② （清）徐嘉：《味静斋文存续选》卷二《山阳掌故记》，民国二十年上海中华书局铅印本，转引自王聪明《双城记：明清清淮地区城市地理研究》，社会科学文献出版社，2020 年，第 106 页。

较远，后便有部分商人迁居淮安，其中比较出名的是盐商程量越一支。程量越是淮南盐务总商程量入的弟弟，迁居淮安从事淮北盐运生意，曾先后居住海州、庐州府，河下古镇北门的“程公桥”便是因盐商程量越而得名。除程量越一支外，歙县程氏还有不少人迁居淮安河下从事淮北盐的运销。

除淮、扬外，两淮盐区其他地方也留有许多盐商的活动记录。例如，嘉庆《两淮盐法志》卷十二《转运七·趱运》记载徽商程氏家族成员及其所活动的淮北各引岸具体如下：程得源，亳州、蒙城；程俭德，汝宁府西平县；程文大、程公益、程鼎庆，光州光山县；程中顺，光州。上述例子说明，家族组织是徽商从事盐业过程中的一种基本形态。

笔者在调研中发现，两淮盐商中的山陕商人也不在少数。如在亳州山陕会馆内有一座铁铸仙鹤，仙鹤上记载了捐建人，其上写有：“康熙五十三年四月吉日造关老爷仙鹤一对，重二千余斤。陕西西安府同州朝邑县关行小村一会人等……”在陕西，朝邑、泾阳、三原等是产粮大县，当地商人占据开中之地理优势纳粮中引，经营淮盐生意，山陕会馆便是他们在淮经商留下的重要物质遗产（图 1–14）。

A. 亳州山陕会馆山门　　B. 亳州山陕会馆铁铸仙鹤

图 1–14　亳州山陕会馆

除外地盐商外，两淮地区还有少部分富户经营盐业，尤其是清代票盐法改制之后，许多中小商人有机会业盐，但是这些本地商人一般资本较少，与外地盐商大户不能抗衡。

三、两淮盐商活动对盐运古道沿线地区聚落与建筑的影响

随着开中制的施行，盐业的巨额利润吸引了大批商人加入，两淮盐运线路也逐渐繁忙起来，随之在盐运线路沿线诞生了一系列的盐业聚落、盐业建筑。

在两淮盐商活动中，不同类型的盐商对盐业聚落与建筑的发展也产生了不同的影响。除了长期客居边陲的边商外，场商、运商、岸商均见于两淮盐区。场商是指聚集在盐场收购食盐的盐商，由于食盐生产效率低下以及收购手续繁杂，盐商往往可能会等待长达一年之久，于是围绕着盐场聚集了各类农业、手工业和服务业从业者，随之形成盐场聚落；运商和岸商指贩运领域的盐商，他们多寓居各引地，进行长时间的贩盐活动，这两类盐商因数量较多、资金较雄厚，对沿线的聚落和建筑的发展起到了一定促进作用。

如场商将淮北三场的盐运到淮安掣验所堆放，此时运商持盐引来此地掣盐，掣验所会等到食盐达到一单[①]时掣验，运商因此便需要等待停留。明代以来，来自晋、豫、皖等地的业盐者卜居淮安城的山阳、河下等地，著名的家族有杜、阎、何、李、程、周等姓。众盐商会集于河下，镇邑面貌也大为改观，“高堂曲榭，第宅连云，墙壁垒石为基，煮米屑磁为汁，以为子孙百世业也。城北水木清华，故多寺观，诸商筑石路数百丈，遍凿莲花。出则仆从如烟，骏马飞舆，互相矜尚”[②]。在河下古镇，盐商捐资修建了石板路、桥梁、书院和义塾，各路商人也在此纷纷建立自己的会馆（图 1-15）。

① 各地区不同时段规定不同，明代两淮盐运司规定八万五千引为一单。

② （清）黄均宰：《金壶七墨·金壶浪墨》卷一，清同治十二年刻本。

A. 古镇街巷

B. 屯盐桥

图 1–15　河下古镇

因两淮盐商多依托河流运盐，所以也对河流沿岸地区城镇发展带来一定影响，发达的交通环境使得商人聚集，大批盐船、商船往来，造就了沿岸市镇的繁荣。由此可见，盐商的聚集不仅仅对盐区经济、文化产生了影响，也对盐区的聚落、建筑等产生了深远的影响。

如正阳关镇，清代官府在此设立淮北盐督销总局，大量徽州盐商来到正阳关镇业盐，有的商人就在此处安家建房，因此南大街的建筑在继承北方传统四合院构造的基础上，外墙采用古徽州马头墙造型（图 1-16）。盐商还在古镇出资修建大王庙、玄帝庙、正阳书院等。因为大王庙的修建是为了保护官员与盐商的利益，当地居民将其称为“护官大王庙”。庙的正殿供奉着龙王神像，还建有存放盐等物资的盐仓。

图 1-16　正阳关镇古民居的马头墙

又如湖北的汉口镇，明朝初年尚未发展，甚至罕有人居，至成化年间，汉水改道由今天汉口镇入江，汉口便成为长江水道上一个十分优良的港口，加之淮盐运船原本停靠的江心洲风浪过大，不再适宜继续作为港口，因而汉口逐渐取代江心洲，大批盐商会集于此。由于两淮盐务主要是由徽商把持，故而汉口的盐商也大多属于徽商，如康熙《徽州府志》记载："今则徽之富民尽家于仪（仪征）、扬（扬州）、苏（苏州）、松（松江）、淮安、芜湖、杭（杭州）、湖（湖州）诸郡，以及江西之南昌、湖广之汉口。"汉口自此开启了商业繁荣之势。起初，盐商主要在汉口淮盐一巷、淮盐二巷、督销淮盐总局等场所（图1-17）活动。到了康熙初年，徽商在汉口的势力扩大，所经营的范围由淮盐扩展到了粮食、木材、茶叶等各个领域，活动范围亦由原本汉口的武圣码头、淮盐巷扩大到了药帮巷、新安街。目前，淮盐巷、药帮巷、新安街一带仍保留有当年徽商创建的街巷格局，整体风貌也一如往昔（图1-18、图1-19）。

图1-17　汉口督销淮盐总局

图 1-18　汉口新安街药帮巷街景

图 1-19　汉口新安街鸟瞰图

汉口是淮盐运输线上最为重要的城镇之一，也是徽商影响的典型代表，由汉口的发展便可看出徽商对沿线聚落所产生的重要影响。

盐商不仅影响了淮盐运输沿线聚落的空间布局，还对其建筑风格、建造技艺以及建筑文化产生了深远的影响。盐商在盐运线路沿线聚落中修建了大量与淮盐相关、与其自身相关的建筑，如宅院、会馆、盐神庙等。在修建过程中，盐商们为显示其财力、地位以及表达对故土的思念，将徽州的建筑文化与当地的建造技术相结合，极尽工巧之能事，使这些建筑成为当时、当地最典型的代表和当地工匠、百姓争相模仿的对象。

盐商传播的盐业建筑文化对当地的建筑大到建筑布局、小到细部装饰，都产生了不小的影响。如淮盐运输沿线建筑的布局深受儒家文化的影响，等级观念极强。再如砖雕、木雕和石雕的装饰也是徽派建筑装饰中的一大特色，随着徽州商人的迁移，此建造技艺亦流传于外。江苏东台富安古镇（原为清代富安场）盐商老宅内便保存了大量的砖雕、木雕（图 1-20、图 1-21）。

综合以上分析，徽州的建造技艺与建筑文化随着徽商经营淮盐的路线到达了淮盐所及之处。无论是从建筑的整体布局来看，还是从细部的装饰来看，徽州的建造技艺与淮盐文化相结合，其特点在沿线建筑中表现得淋漓尽致。

图 1-20　富安古镇民居入口砖雕

图 1-21　富安古镇民居梁下木雕

第二章

两淮盐运分区与盐运古道线路

第一节

两淮盐运分区

明清时期，淮盐实行专商引岸制度，其核心便是盐销区（即盐区）的划定，盐商根据政府严格规定的运盐线路、运盐数量在盐销区内进行盐业贸易。为了全面管控淮盐的生产和销售，清政府绘制了《四省行盐图》来协助官员管理盐务。该图清晰标示了淮盐的运输路线，并明确注明沿线各地销售的盐引数量（图 2-1）。从整体来看，依据嘉庆《两淮盐法志》相关记载，两淮盐区主要分为淮南、淮北两部分，其中，两个次级盐区内部又细分为“纲引盐”区域和“食

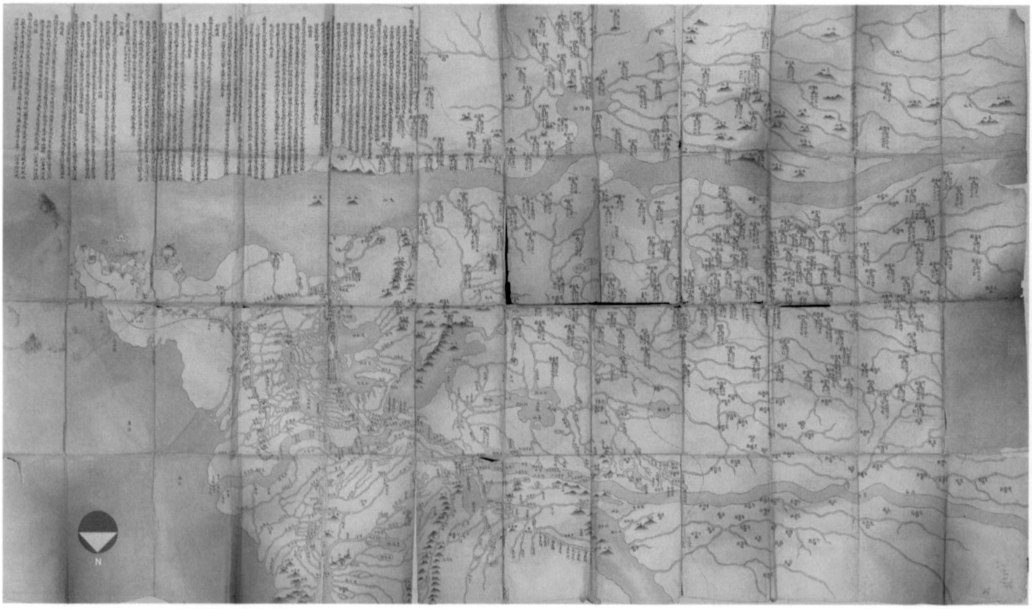

注：图片来自美国国会图书馆。

图 2-1　四省行盐图

引盐”区域。以淮北盐区为例，淮北盐区因黄河河道变迁带来交通运输线路及成本的不断变化，为保证盐税及食盐运销，吸引盐商运销食盐，朝廷将淮北盐区划分为“食引盐”区域与“纲引盐”区域，“食引盐”区域较“纲引盐”区域离盐场更近，税收更低，价格也相对便宜。“纲引盐”又分为“湖运盐”及“江运盐”，经洪泽湖、淮河运输的称为“湖运盐”，经长江运输的称为“江运盐”（图 2-2）。

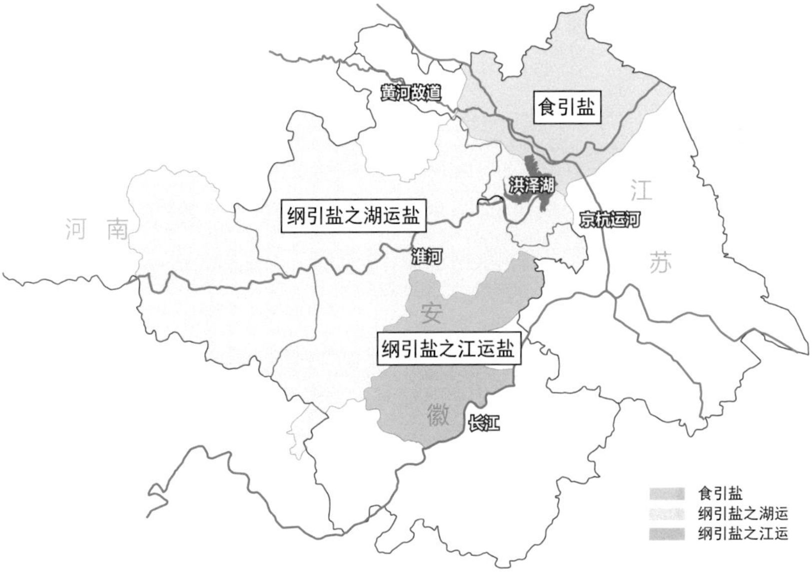

图 2-2 淮北盐区划分

淮北食引盐行销江苏省的 8 个州县，其主要运输线路为京杭运河，商人于京杭运河沿线地区频繁往来；纲引盐之湖运盐行销安徽 19 个州县、河南 14 个州县，共 33 州县，商人通过洪泽湖将食盐运出，形成以淮河及其支流为主的水运体系，商人在淮河流域东西向往来活动；纲引盐之江运盐行销安徽省 8 州县，商人将盐运至瓜州（扬州）掣验，经长江运输，于长江沿线地区往来活动频繁。依照运输的便利与否划分盐区，具有一定的科学性。

明清时期，两淮盐销区不断缩小，边界不断内退。与其他八大盐区相比，两淮盐区覆盖范围最广，运输路程最长，运销数量最大，虽边界连绵的山脉在一定程度提高了私盐倾销的难度，但过高的运输成本使得边界地区的盐价依旧远远高于其他盐区，以致淮盐在盐区边界很难售出，私盐不断倾入，因而两淮盐区边界不断内退，销售范围逐渐减小。以淮北盐区为例，淮北盐销区的西南部有大山阻隔，南部为淮南盐引地，北部有黄河侵袭。在黄河侵袭的影响下，淮北盐运输成本不断提高，行盐区域一直呈缩小的趋势。

具体而言，通过比较明清两代的盐法志，可以发现，由明至清淮北盐区在河南的引地在逐步缩小。在明代食淮北盐的南阳府、陈州府和归德府，逐渐被划入河东盐、长芦盐、山东盐销区，凤阳府的宿州也改食山东盐。导致清后期淮北盐区范围缩小的原因有两点：其一，前文在淮北盐的发展史中提到，黄河夺淮时侵占惠济河及贾鲁河，淮北盐运输至亳州及太和县便很难继续北运，致使亳州以北的陈州府、归德府划入山东盐区和长芦盐区；其二便是河东盐、长芦盐的价格较淮北盐低廉，运输也比淮北盐容易，淮北盐溯淮河运输至淮河上游的南阳府要行 1000 多千米，运输线路漫长，而南阳府靠近河东盐区，久而久之，官府便将其划入河东盐区。

综合嘉靖、康熙、雍正、乾隆、嘉庆、光绪等多部《两淮盐法志》的史料记载，并结合详细的《四省行盐图》，为展现两淮盐运线路的全貌，本书选择两淮盐区最为鼎盛且相对稳定的清康熙至嘉庆时期运盐线路进行研究，将史料与地图结合，对两淮地区的行盐路线进行系统梳理，详细展现明清时期两淮盐区的行盐路线及其具体细节（图 2-3）。

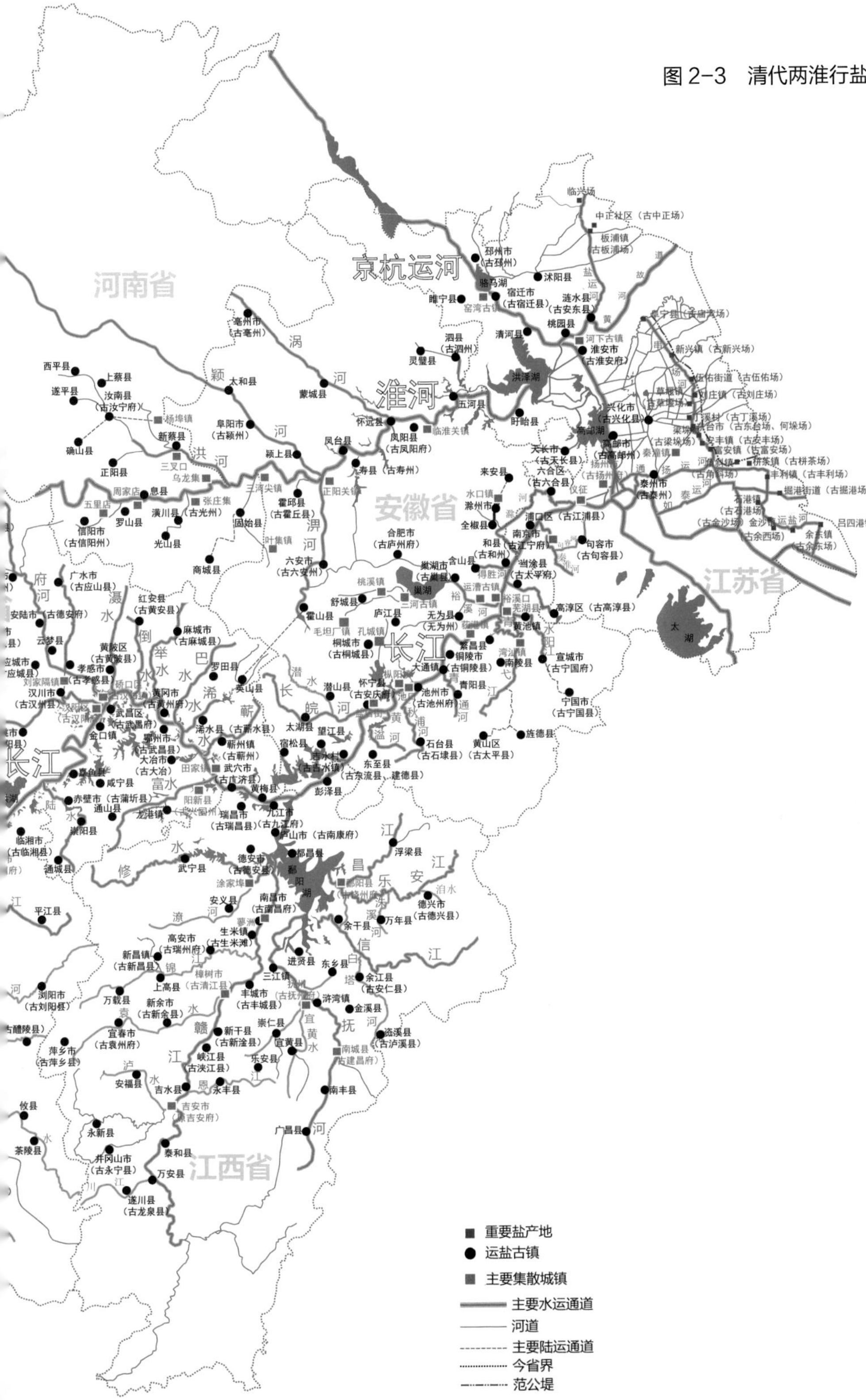

图 2-3 清代两淮行盐线路图

第二节

两淮盐运古道线路

一、淮北盐运古道线路

清乾隆至光绪时期，淮北行盐区域基本趋于稳定。因乾隆时期的《两淮盐法志》为残卷，故笔者据嘉庆《两淮盐法志》相关记载，结合现代地图进行标注。清代淮北盐行销江苏、安徽、河南三省，共有 49 州县（图 2–4）。

淮北改行票盐法后，淮安分司移至海州，驻板浦镇，掣验所自河下古镇移至西坝[①]，淮北三场之盐此时经西坝掣验后即开始运输配送，在此基础上开始盐的运销环节。

（一）食引盐运道

食引盐区的食盐主要依托运河运输，徐州府所属邳州、宿迁县、睢宁县及淮安府所属清河县、桃源县共五个州县的食盐，由永丰坝称掣，上运河船分运；沭阳县的食盐由板浦场称掣后，经河口、王家庄、火星庙运达；赣榆县的食盐由临兴场称掣后经青口镇运达。

元明时期，运河借用从徐州至淮安段的黄河作为运输河道，淮北盐也使用黄河的一段作为运输通道。黄河携沙量大，具有易决、易泛等特点，且徐州段黄河因受其两侧山地所限，河道狭窄，形成了徐州洪、吕梁洪两处急流，此二洪成为黄河上的两道险关，水流较别处更为湍急险恶，是南北运输通道上的主要障碍，因此，淮北盐北上运输只运至宿迁。此时徐州州治铜山、辖地砀山等皆食山东

① 西坝，在今古淮河北岸的王家营以西约 2 千米的地方，与清江浦隔河相对。

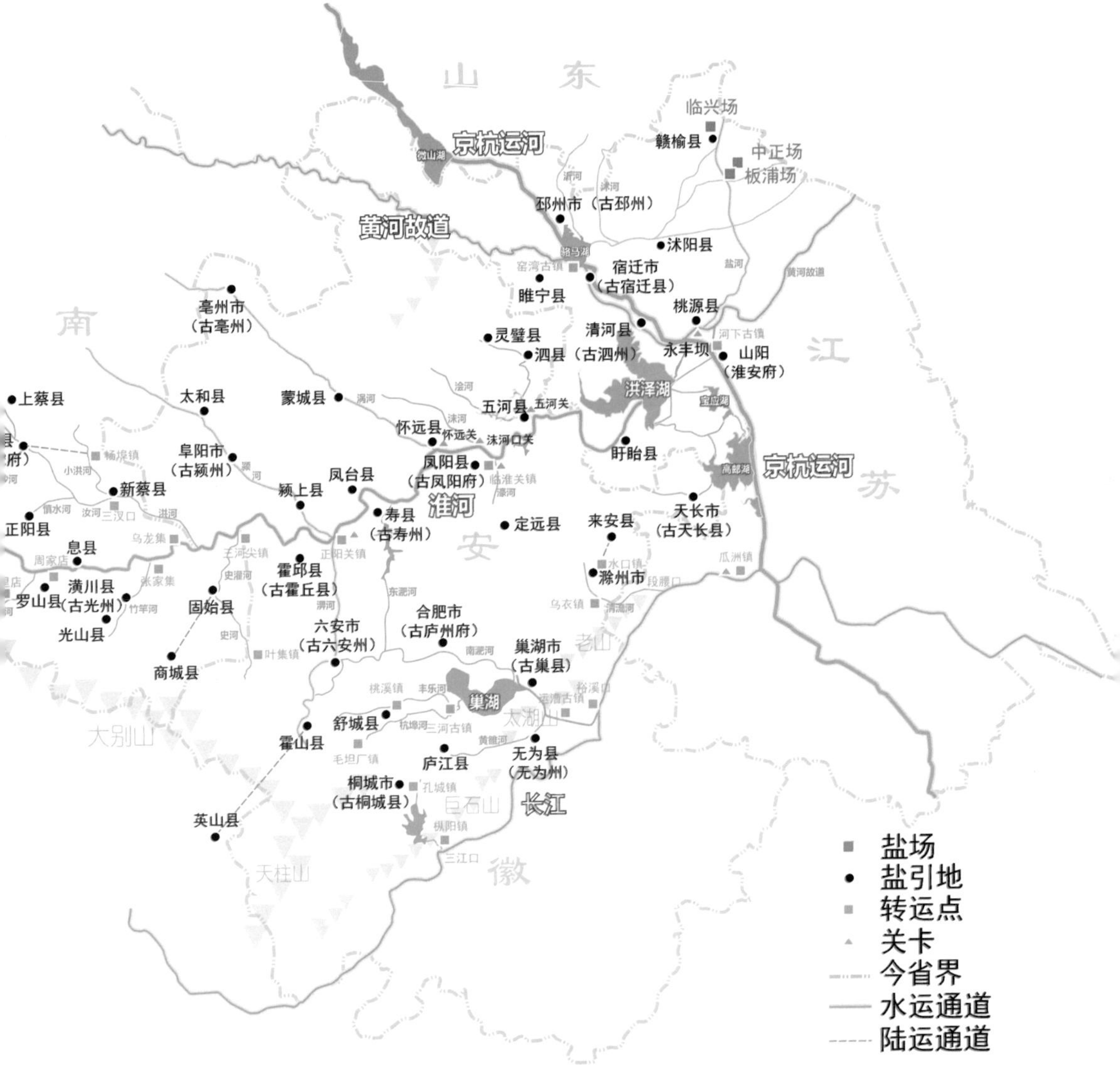

图 2-4　清代淮北行盐图

盐，山东盐皆渡黄河后由车马运送，也不利用黄河运输。这一阶段，淮北盐自淮安上船，经黄河运至邳州。

明晚期，为避黄河徐州段险道，统治者开通了山东台儿庄夏村至邳州的泇运河（图 2-5）。清中期，统治者相继修通邳宿运河和中河（宿迁至淮安），至此，淮北盐区自淮安到山东的水运线路全线通航。淮北盐自淮安西坝装船，途经桃源、宿迁、皂河、窑湾，运至邳州。因大运河山东段（台儿庄起）上密布调节水势的船闸，所以山东段运河也被称作闸河，足见其地势落差较大，这也造成了淮北盐北上运输的困难，因此，淮北盐实际上仍仅运到邳州。

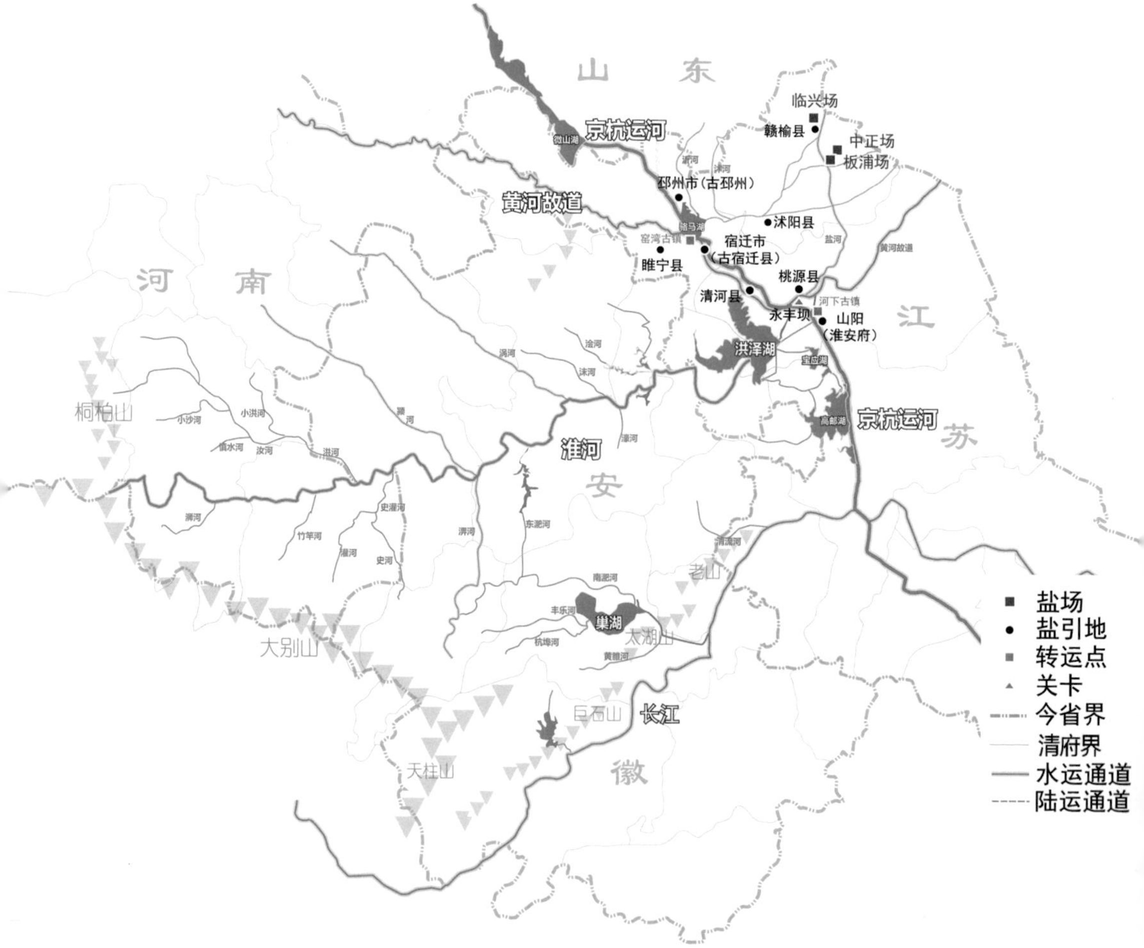

图 2-5　淮北盐区食引盐运输线路图

（二）纲引盐之湖运盐运道

淮北纲引盐中的湖运盐由淮安西坝称掣后，过洪泽湖，以淮河干流为主要运输线路，以淮河支流为次要运输线路，形成树杈形运输网络（图2-6）。在沿线支流与干流交汇处均设有盐关，以稽查私盐、征收盐税。正阳关镇位于淮河中游，颍河、淠河、淮河三水在此交汇，有着天然的地理优势，其作为湖运盐运输线路上最大的中转站，

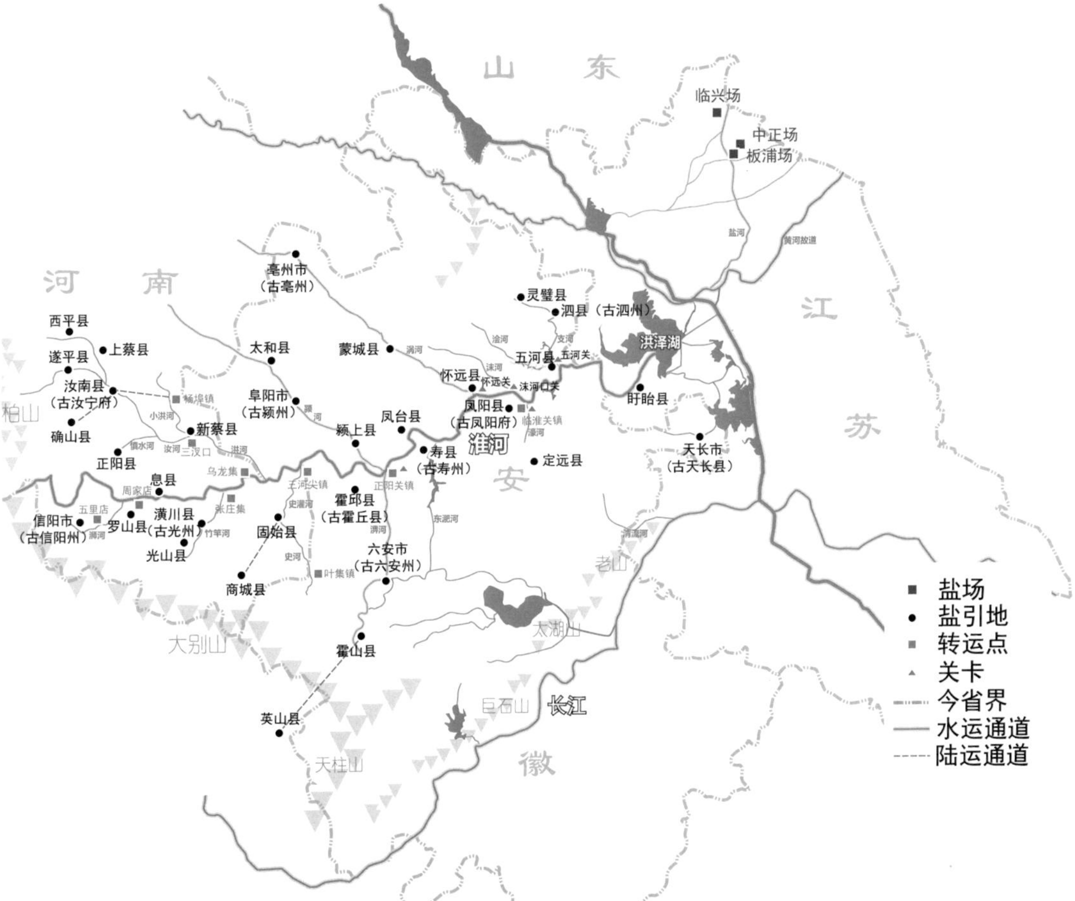

图2-6　淮北盐区纲引盐之湖运盐运输线路图

提供淮河上游州县及河南境内的食盐转运服务。下文对各支线的具体走向作详细介绍。

1. 五河县—泗县—灵璧县运输线

引盐由洪泽湖出，经盱眙县抵五河县进支河，抵泗州、灵璧县。

2. 怀远—蒙城—亳州运输线

引盐由洪泽湖出，经盱眙县、五河县、怀远关抵达怀远县；再由怀远县经涡河运往蒙城、亳州两地。涡河源自河南太康，在怀远县城东北汇入淮河，是淮河中游的重要支流。亳州自清代便成为淮北盐商聚集地，顺涡河而下可抵达淮安、扬州，西北有陆路直通开封，水陆交通十分发达，曾一度商贸繁盛，豪商富贾比屋而居，留下了大量会馆、庙宇等精美的建筑。

《蒙城县志》也有记载：“蒙邑向行淮北纲盐，每岁额销盐二千七百二十五引，又带销乙卯纲盐并新增加带等款共销盐三千四百九十五引，每引三百六十四斤，每年共销盐一百二十七万二千一百八十五斤。”① 可见此条线路之重要性。

3. 正阳关镇—六安—霍山—英山运输线

引盐自西坝出洪泽湖，经盱眙、五河、临淮、怀远、寿州、凤台，至正阳关换小船入淠河，抵六安州、霍山县，从霍山县陆运至英山县。霍山县地处大别山区，清代时霍山县商贾云集，商业颇为兴盛。

4. 正阳关镇—颍上—颍州—太和运输线

引盐自西坝出洪泽湖，经盱眙、五河、临淮、怀远，抵寿州、凤台、颍上、颍州、太和诸地。颍河水系受黄河夺淮影响较为严重，通航能力良好时，它可北达河南开封，连接明清全国四大名镇之一的朱仙镇。但受黄河夺淮的影响，太和县以北航道时有淤塞，盐船不至，

① 民国《重修蒙城县志书》卷四《食货志·盐法》。

朱仙镇也随之衰落。

5. 正阳关—河南运输线

淮北盐自乌沙河入洪泽湖，经盱眙、五河、临淮、怀远、寿州、凤台抵正阳关，在正阳关换小船由南照三河尖、张庄集入洪河，抵新蔡、上蔡、西平、遂平诸县；由小洪河经杨埠陆运抵汝宁府汝阳、确山二县；由三汊口经汝河抵正阳县，由三河尖经五里店抵信阳州，经周家店抵罗山县；又由三河尖抵固始县，由固始陆运抵商城县；经张庄集抵光州、光山县，经临河店、周家店抵息县。

（三）纲引盐之江运盐运道

食盐自淮安乌沙河经运河出瓜洲口，溯长江进裕溪口，至黄雒河，换船驳运抵巢县、无为州、庐江县；过巢湖抵合肥，由桃溪镇陆运抵舒城县；由长江进段腰口入乌衣镇，驳运抵滁州，由水口陆运抵来安县；由长江进三江口至枞阳，驳入孔城，陆运抵桐城县（图2-7）。以上为江运八州县的运输线路，无为、巢县、庐江三岸之盐，由长江进裕溪口抵运漕镇，经分销局挂号起仓候售；舒城之盐运至三河镇，桐城之盐则运至枞阳镇，均有分局主持销务。滁州、来安两岸不为商人运销，统一由分销局赴盐栈领运，再发贩济销。

淮北古盐道在历史上曾对苏、皖、豫各地区人民的生产生活起着重要作用，它为我们今天研究苏、皖、豫等地盐运线路上的聚落的成因、兴衰以及建筑文化的传播、交流和风土民俗等问题提供了一条清晰且明确的线索。

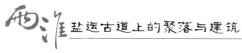

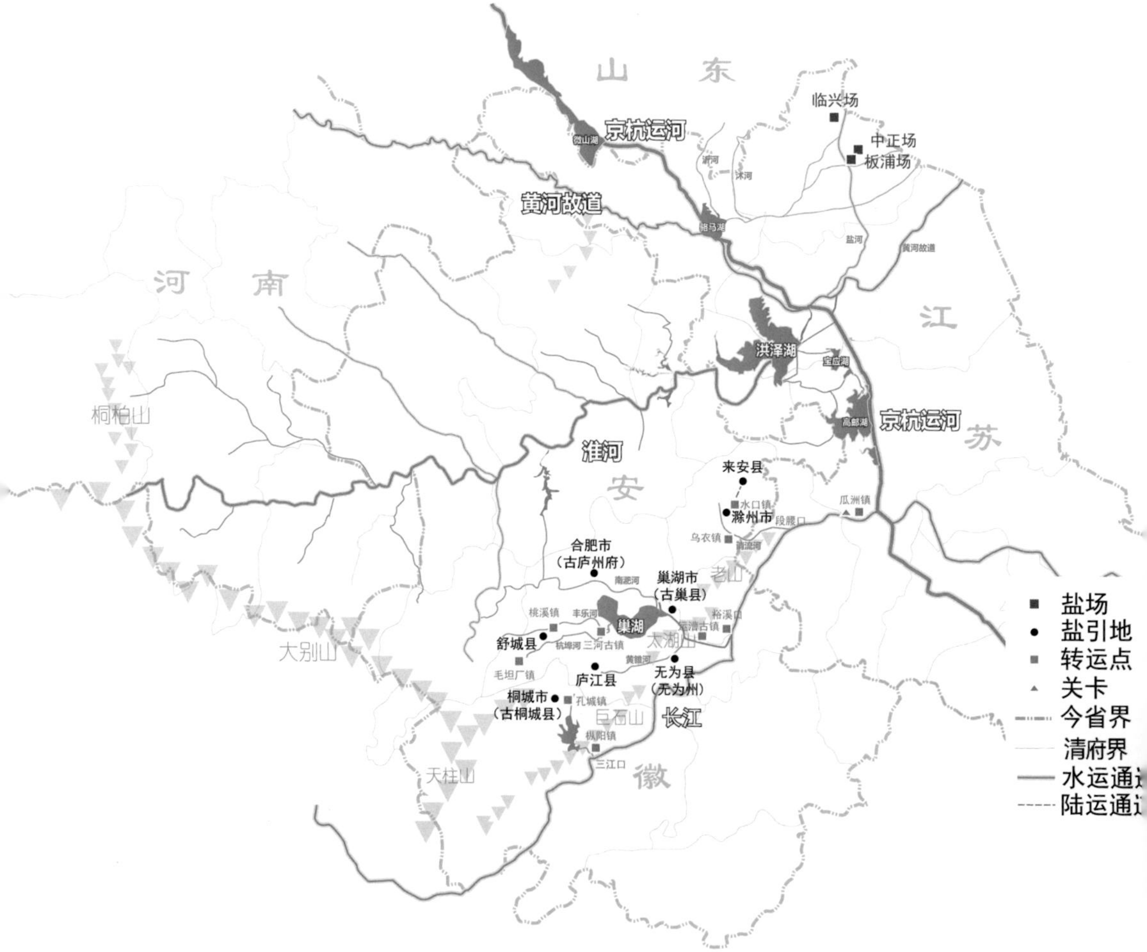

图 2-7　淮北盐区纲引盐之江运盐运输线路图

二、淮南盐运古道线路

淮南的盐运路线以批验所为节点划分为两个部分，其一为沿海盐场至批验所，其二则是由批验所至各府州县。第一段的运输线路较为稳定，主要依靠江苏省内的河运交通。泰州分司所属盐场均与串场河相连，通州分司所属盐场均位于运盐河畔，两者聚于泰坝经运盐河过仪征批验所，整体呈“Y”字形格局。清代虽为便于盐业运输，在江苏省内疏浚、开通了多条人工河流，但至清末“Y”字形运输线路格局一直未曾变动（表 2-1）。过仪征批验所后，即进入第二阶段的运输，开始销售环节。

<table>
<tr><th colspan="2">表 2-1　明清时期两淮盐区盐场盐区至批验所路线示意图</th></tr>
<tr><th>图照</th><th>说明</th></tr>
<tr><td>

注：底图来自《两淮盐场总图》[①]
</td><td>此图结合嘉靖《两淮盐法志》的记载可知淮南两分司盐场合于泰州后由运盐河至仪征批验所</td></tr>
</table>

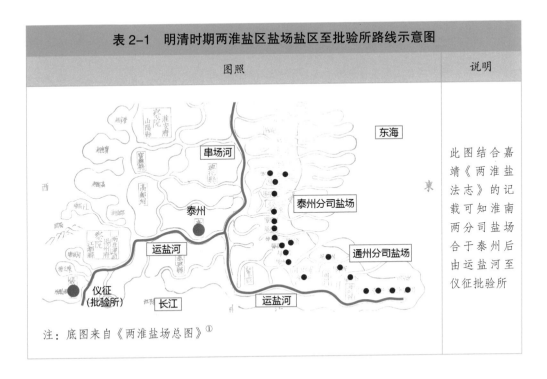

① 嘉靖《两淮盐法志》中的配图，从区域宏观的角度记载了两淮盐场、批验所的选址，区域河流走向。

（续表）

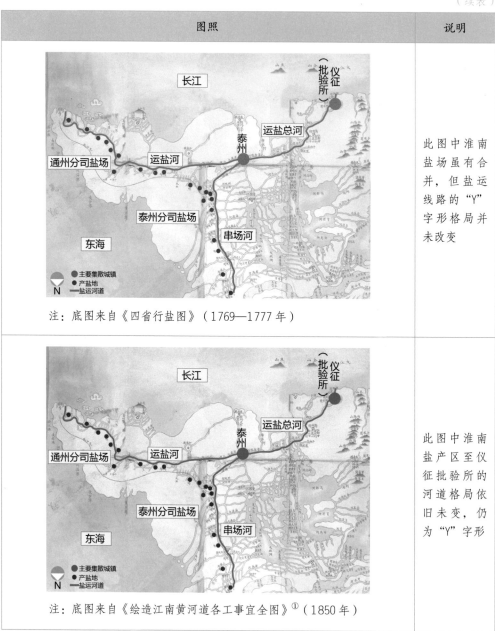

图照	说明
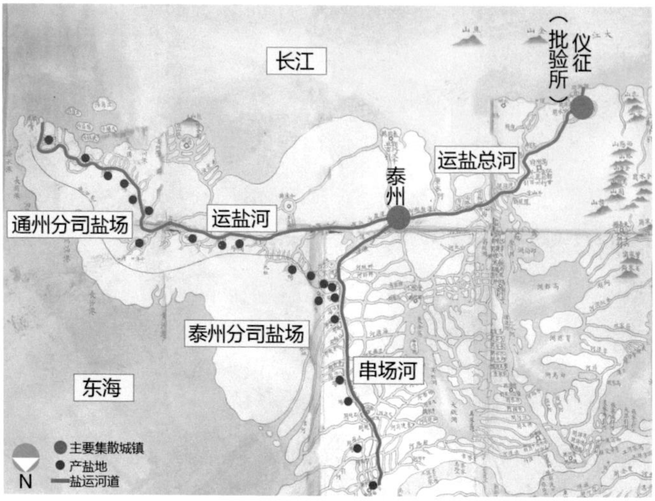 注：底图来自《四省行盐图》（1769—1777 年）	此图中淮南盐场虽有合并，但盐运线路的“Y”字形格局并未改变
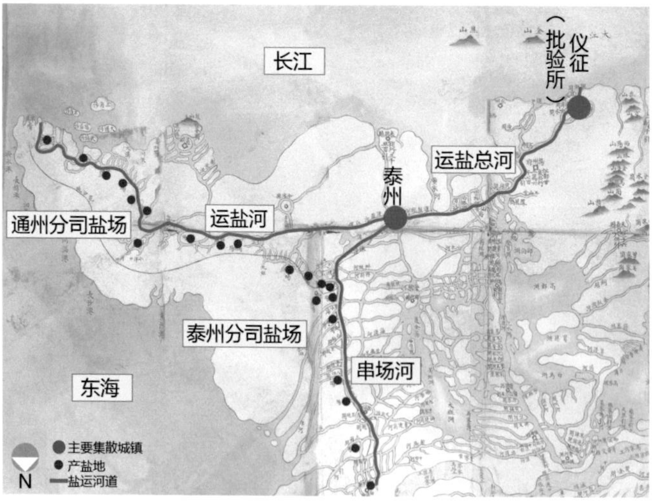 注：底图来自《绘造江南黄河道各工事宜全图》[1]（1850 年）	此图中淮南盐产区至仪征批验所的河道格局依旧未变，仍为“Y”字形

① 图题《绘造江南黄河道各工事宜全图》，详细记载了清道光三十年前淮南河道格局和河工事宜。

（一）安徽省线路

安徽与江苏毗邻，曾与江苏一起合称江南省，在《四省行盐图》中仍可见此称谓，但图中的称谓多系习惯性用法，实际上，清康熙年间两省已被分开，各自行政。

安徽省横跨长江与淮河两大流域，是淮南盐与淮北盐的并销之地。安徽省的淮南盐运古道主要可分为长江线与青弋江线两线（图2-8）。

图 2-8　清代皖省淮南盐运输线路图

1. 长江线

淮南盐船由仪征放行进入长江后，先于江苏省内行江宁府各地后再入安徽境内运输，且行盐路线分为江南、江北两部分。江南：盐船由仪征出闸后，大致可分为两路，一路进河口镇陆运到句容县，至观音门进港，经龙江关浮桥抵石城桥盐场，分销上元、江宁二县后，再由秦淮河至乌刹桥抵溧水县；一路溯江水而上，经采石到太平府（今当涂县），过芜湖后进荻港一分为二，一进铜陵县，另一路进池口后集散，分别运往池州府、大通、青阳县、石埭县、东流县、建德县。江北：盐船出仪征后亦大致可分为两路，一路由瓜埠镇至浮桥抵六合县后，到浦口进港，抵江浦县，再到全椒，自针鱼嘴运销和州、含山县；一路由长江进江北盐店街后再分两路，分别运往安庆、潜山、太湖、望江、宿松等地。

安徽段长江亦称皖江，是淮盐运销江西、湖南、湖北的必经之路，也是淮盐在安徽运销的主要通道。由《四省行盐图》可以看到，皖岸销售淮盐万引以上的府、州、县共 9 处，其中 5 处位于皖江边，分别为：和州、芜湖县、池州府、安庆府以及望江县。大量的淮盐在此行销，商人聚集，加之皖江靠近古徽州，因而其在淮盐运输线路体系中有着重要地位。

2. 青弋江线

淮南盐经水运汇集芜湖后分为两路，一路进澛港（今芜湖市弋江区鲁港镇）抵繁昌县；一路进湾沚后再次一分为二，一部分进黄池抵宁国府，由府小东门陆运抵宁国县；另一部分由青弋江抵南陵县，到泾县后陆运抵旌德县、太平县。

青弋江古称“清水”“泠水”“泾溪”或“泾水”，是长江下游最大的一条支流。青弋江及其支流构成了密集的水运网，为皖江南岸的淮盐水路运输创造了良好的条件。淮盐由芜湖县入青弋江至旌德县途中，徽商多停留于湾沚、黄池二镇，故有“盐艘鳞集，商贩辐辏，一郡之盐悉驻湾沚、黄池二镇，六邑赖之”的说法。青弋江不仅是淮盐运销皖南各地的运输线路，更是清代徽商外出经营淮盐的线路，徽商沿着青弋江，经皖南山区、沿江平原，至芜湖，再由芜湖前往扬州、淮安等地。

（二）江西省线路

江西三面被大山环绕，呈现东部、西部、南部地势高，中部为丘陵，北部地势低的格局。省内多丘陵地势，陆地交通并不发达，因而主要依托水运交通。特殊的地理条件使得整个江西河运网络以鄱阳湖为中心，赣江、抚河、信江、饶河、修水五条河道呈发散状分布。盐船由长江进鄱阳湖后，停靠蓼洲，分四路销往江西南昌、瑞州、袁州、临江、吉安、抚州、南康、九江、饶州、建昌等地。根据《四省行盐图》可知，淮盐在江西的运输线路主要可分为西南、东南、北路三条（图 2-9）。

1. 西南线

此运输线路主要覆盖了江西赣江及其四大支流的范围。盐船出蓼洲后一部分向西，沿赣江支流锦江将淮盐运销到高安、上高、新昌和万载；一部分南下到丰城、樟树后分为两路，一路西进入袁水到新余、宜春等地；一路继续南下到新干、峡江、吉水。自吉水起，由于多条支流共同汇入，故淮盐在此亦分为东、西、南三个方向运输，其范围涵盖了乐安、安福、永新、永宁、泰和、万安等地，直至赣州府西南边界。由前文对淮盐销售的分析可知，清代江西赣州府并不在淮盐销售范围内，故而《四省行盐图》并未将其标注在内。

赣江是长江主要支流之一，源出赣闽边界武夷山西麓，自南向北纵贯江西省。赣江是江西省主要河运交通线，也是淮盐在江西省内运输的主要通道。笔者在调研时曾听当地人提起“得赣江者得江西”的说法，指的就是粤盐与淮盐争夺销区时，哪一方控制了赣江就能获得江西省内实际的销盐权，由此可见赣江的运输能力之大、辐射范围之广，亦可证明赣江是江西淮盐行销的命脉所在。目前，赣江

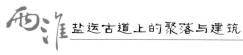

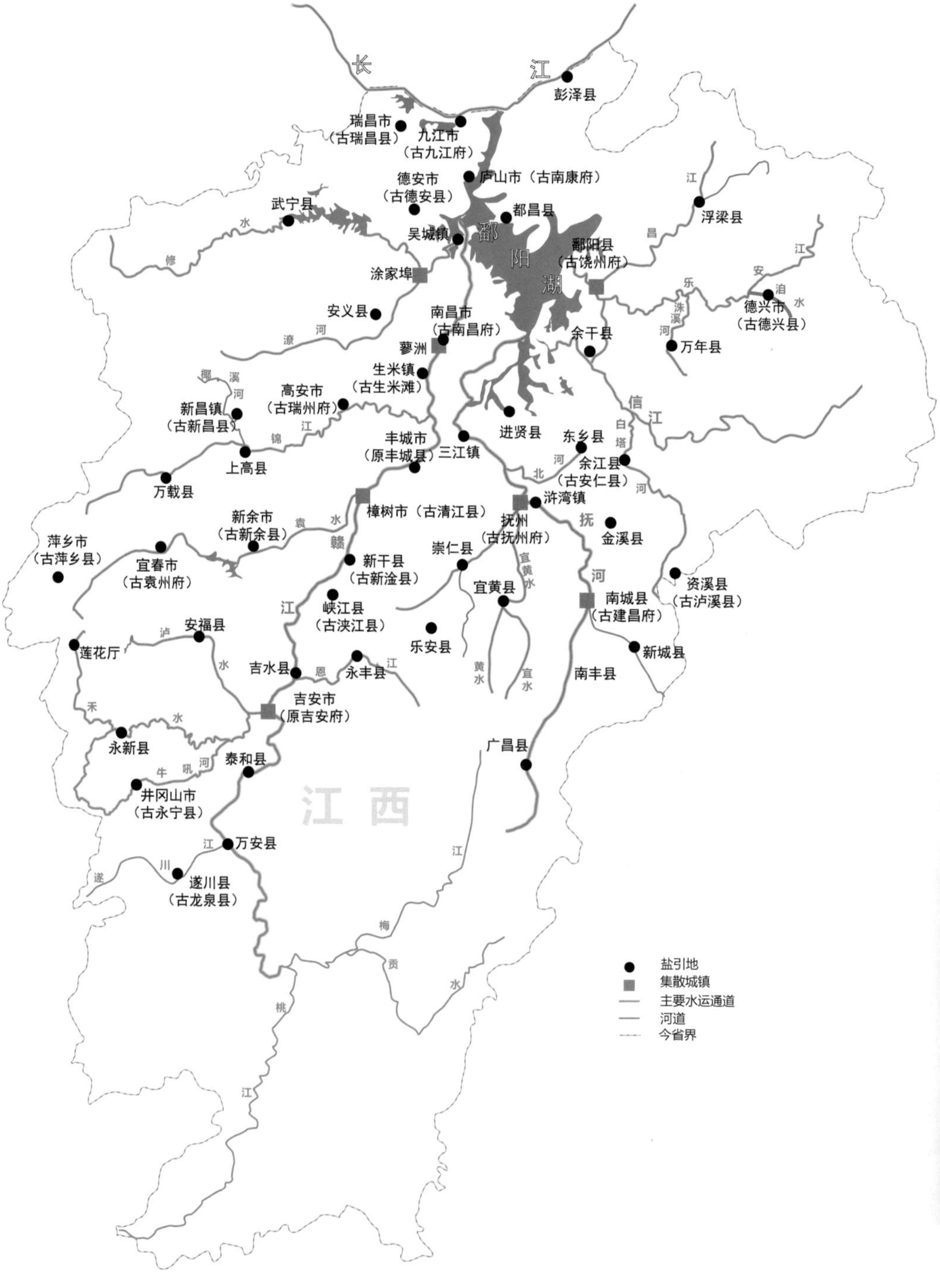

图 2-9　清代赣省淮盐运输线路图

及其支流沿线保留有不少较大规模的古村落，尤以吉安保留的为最多。

2. 东南线

盐船由蓼洲先北上一段后分为两路，一路向东南方南下，顺着抚河，至临川县，过浒湾到建昌府后，继续南下至南丰县、广昌县；一路东进鄱阳湖，上饶州石头街，沿昌江抵浮梁县。

抚河是江西省内仅次于赣江的重要河流，它发源于武夷山脉西麓广昌县驿前镇，今干流长度349千米。在江西，抚河是淮盐运输的第二大河流，盐船沿抚河南下，运销江西的东南地区。目前抚河流域仍保留有大量与淮盐相关的文献记载和历史遗迹。如浒湾古镇，其在清代为淮盐在抚河上重要的中转站之一，目前仍保留有码头、盐仓等遗址，且古镇整体格局和内部建筑都保存相当完整，是淮盐文化在抚河流域的活化石（图2-10）。

A. 鸟瞰图

B. 街景图

图 2-10　江西浒湾古镇鸟瞰及街景

3. 北路线

盐船由蓼洲北上吴城镇，入鄱阳湖后，至都昌，接九江。

此条线路主要依托鄱阳湖进行运输，鄱阳湖是淮盐由产区江苏运往江西过程中依托的重要湖泊之一，其将长江与江西省内的赣江、抚河、信江等五条河流相连，使其相互连通，从而进一步将江西省内的河道网络与整个淮盐产销区的水运网络相连，使之合为一体，便于盐船的快速到达。位于鄱阳湖、修水与赣江交汇口的吴城镇自古便是商业重镇，拥有千年的历史。古时镇中会馆林立，尤其是坐落于豆豉街中段、由淮盐徽商所建的徽州会馆，每逢朱熹生日或端午之时，均举办大型的活动。但目前徽州会馆已被拆除，建筑原本的砖石等材料也被当地居民挪作他用，豆豉街上只剩下零星几栋历史建筑，向人们展示着曾经的繁荣（图 2-11）。

图 2-11 吴城镇豆豉二街安徽会馆旧址与豆豉街街景

（三）湖北省线路

湖北省位于我国陆地第二级阶梯向第三级阶梯过渡地区，省内地形多样，整体呈由西北向东南略微倾斜的趋势。湖北西、北、东三面被武陵山、巫山、大巴山、武当山、桐柏山、大别山、幕阜山等山体环绕，山前丘陵、岗地广布，中部为江汉平原，南部与湖南省洞庭湖平原连成一片，地势平坦，土壤肥沃。湖北不仅号称“千湖之省”，而且省内河道也非常多。除长江外，境内还有蕲水、浠水、巴水、举水、府河、沮河、汉水等，这些支流与长江一起，共同构成了淮盐在湖北的运销网络。淮盐在湖北的运输线路主要可以分为东、南、西、北四路，且这四条运输线路均由汉口开始（图 2-12）。

1. 东路线

由汉口顺长江经浒黄洲向阳逻镇，经鹅公颈入举水进歧亭至宋埠，抵麻城县；过鹅公颈沿长江东下，由李坪达黄州，入武昌（今鄂州市）；又由巴河镇、兰溪镇分别入巴水与浠水，接连罗田县；继续沿长江东下，过蕲州至广济县，黄梅县清江嘴；往东南由富池口入富水过兴国州，一通大冶县，一入杨辛河到达通山县。

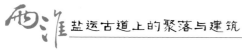

图 2-12　清代鄂省淮盐运输线路图

东路为淮盐在鄂东南地区的销售路线，沿线销售万引以上的口岸就有六处。此地区长江支流众多，河运发达，加之明清时期大量江西、安徽居民迁至此地，使得该区域人口稠密，商业贸易繁盛，对食盐需求量也较大。

2. 西路线

盐船从汉口起向西过沙洋、旧口直抵安陆府进行集散销售。

西路线据记载应为淮盐销往鄂西北襄阳、郧阳二府的线路，盐船进汉水，过江汉平原，入丰乐河进鄂西北，但由前文分析可知，鄂西北在清代并未有淮盐由水运到达，故此线路上的食盐实仅运销江汉平原各地。

3. 南路线

从汉口溯长江上行，过金口、簰洲后分两路，一路上嘉鱼县，进陆溪口，经东埠、新店东向抵蒲圻，至崇阳县、通城县止；一路往西南过茅埠，泊新堤，挽舟逆流而上，直达石首、公安、松滋等县。

此线路的运输主要依托长江。湖北境内的长江以宜昌为分界点分为上下两段：宜昌以西，落差较大，水流湍急，河运交通时断时续；宜昌以东，地势相对平坦，落差较小，水运通畅。淮盐在湖北的运销主要依托宜昌以东段的长江水运。古代，运输的便利与否与运距的长短，直接影响着食盐的价格，故而盐业的发展在很大程度上取决于交通的可通达性和便利性。淮盐产区与湖北相距甚远，但因长江水运之利，淮盐可快速到达湖北销岸。而宜昌西段的长江水运交通并不便利，加之川盐顺江而下要比淮盐溯江而上容易得多，故而淮盐在湖北至宜昌便不再西进。

4. 北路线

从汉口经五通口进滠口至黄陂县；又从汉口经汉川进云口，上刘家隔，至赤岸，可分别去应城县、孝感县。由孝感县往西北直达安陆，再分途前往应山、随州。

鄂省东北淮盐运输主要依托汉水、府河与滠水。汉水是长江最大的支流，在历史上占有重要地位，常与长江、淮河、黄河并列，合称“江淮河汉”。它由陕西白河县将军河进入湖北省郧西县，在湖北省境内由西北趋东南，至武汉汇入长江。汉江径流量大、水力资源丰富、航运条件好，是我国南北向河运交通重要运输线路之一。在鄂东北，汉水与府河、滠水共同组成运输网络，利于淮盐的运销。

（四）湖南省线路

湖南与江西接壤，整体地势为三面环山、中间多丘陵、北部面湖的格局。省内主要河流发源于东、西、南三面的大山，流经中间的丘陵地带汇入洞庭湖，整体呈发散状。湖南的淮盐运销网络主要由澧水、沅江、资水、湘江共同组成，其中又以沅江、资水和湘江为主形成三条纵向的运输线路（图 2-13）。由于清代湖广所销售的淮盐均于汉口集散，故而湖南所销的淮盐也是由汉口过簰洲进洞庭湖的。

1. 沅江线

沅江自古便是沿线聚落与外界贸易往来的主要交通运输线路，亦是沟通贵州与长江中下游地区的重要通道，所以沅江沿线古镇云

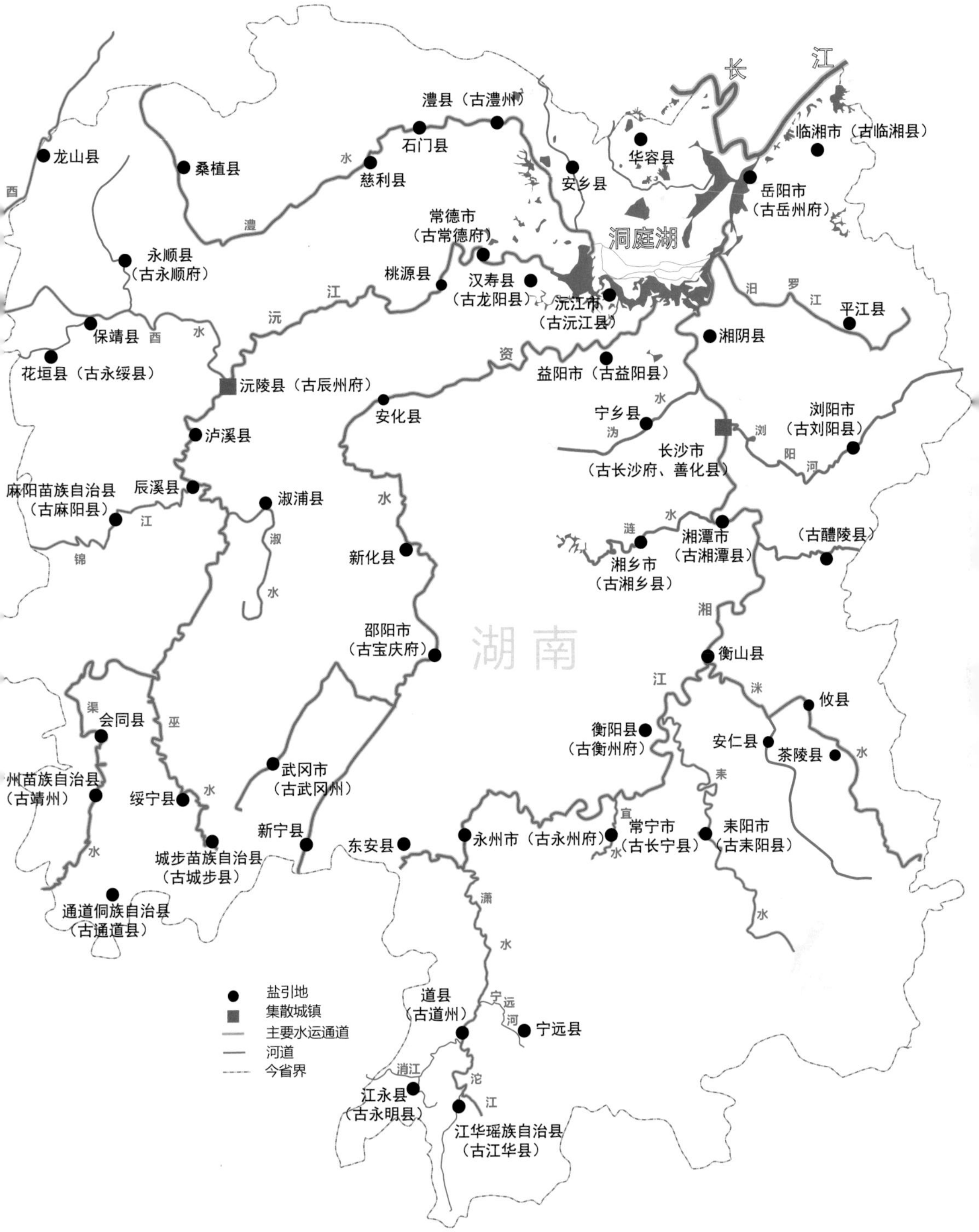

图 2-13　清代湘省淮盐运输线路图

集，会馆林立。由《四省行盐图》中所标各地销售的盐引可知，湖南万引以上口岸共五处，其中有两处沿沅江分布，而剩下的三处均位于洞庭湖畔，由此可见沅江在湖南淮盐运销中所起的作用。不仅如此，清政府还于沅江沿线的洪江古城设置淮盐缉私局和盐仓，目前这两座建筑仍保存完好（图 2-14），可见，沅江对淮盐运销产生的作用之大、影响范围之广。

盐船由长沙过洞庭湖进入沅江，经常德入辰州府，分为两路：一路沿酉水销保靖县、永顺府、花垣县、龙山县等地，另一路顺沅江南下到辰溪县，亦于此地分为三路，主路仍沿沅江南下直抵靖州后分销附近地区，次路其一向西分销麻阳县，其二则向东抵溆浦县销售。

A. 淮盐缉私局　　B. 淮盐盐仓

图 2-14　洪江古城

2. 资水线

盐船由洞庭湖过益阳，经安化、新化二县到宝庆府。资水主要向湖南中部地区的安化、新化、宝庆和武冈等地运销淮盐。资水全长 653 千米，西侧山脉迭起，弯道较多，整个流域呈狭长带状，且运路十分凶险，故而淮盐销区并未向此运输线路其他方向拓展，淮盐只运销资水沿线各府州县。

3. 湘江线

盐船由洞庭湖进长沙，过衡山县，入衡州府、永州府进行销售。湘江是湖南洞庭湖水系中最大的河流，支流较多，如涟水、浏阳河等。清代，湘江及其支流河运通畅，淮盐不仅能运销湘江沿岸，也可到湘江各支流地区。由《四省行盐图》可知，清代，在湖南三条主要运输线路中，湘江流域的口岸最多，销区范围最广。

第三章

两淮盐运古道上的聚落

第一节

产盐聚落

一、产盐聚落的形成与变迁

（一）淮北盐场

淮北三盐场分布在今连云港市境内的海岸线上，伴随着食盐的生产和运输，逐步形成了现代连云港市的城市格局。本节以嘉庆《两淮盐法志》中淮北的三个盐场图同现今的连云港市地图作对比，试图阐述沿海城市发展与盐业之间的关系。虽然古地图的画法同现代地图不同，但是依然可以从河流及村庄的名称中看到古今地图的映照关系及现代城市的发展过程。

1. 临兴盐场

清代，临兴盐场范围北至苏鲁交界处，南至海州城，有约 40 千米长的海岸线。从图 3-1 中可以看到，嘉庆时期临兴盐场北部地区与现代格局差别不大，而南部与连云港市区接壤的地区同现代格局差异很大。这是由于清代黄河改道前，临兴盐场北侧离黄河入海口较远，受清末黄河改道影响较小，北部海岸线变动不大。从盐场图上自北向南看，可以看到干县疃灶、秦家庄灶、李家庄灶、李家港灶、匡家口灶、兴庄正场灶、小盘灶等产盐聚落，围绕着盐池分布，这里盐民生产的食盐经荻水口、柘汪口、匡家口、兴庄口、青口等港口海运至靠近海州的新浦，再经新浦旁的运盐河运至南侧的板浦盐场。

从图 3-1 中可以看到，嘉庆时期东关灶、小防及新浦都是临海的，方便盐业生产。如今，受海涂外扩影响，原先滨海的兴庄、小盘灶、

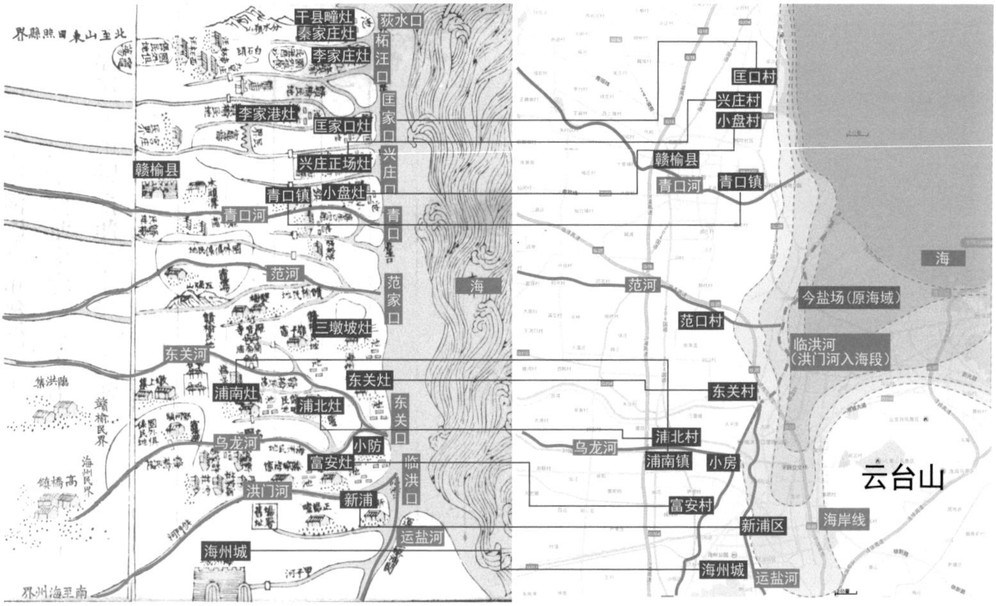

图 3-1 嘉庆《两淮盐法志》中的临兴盐场图与现代临兴场位置图对比

东关灶、新浦变为陆地，尤其以新浦变化最大。原先新浦因滨海而作为临兴盐场北部海盐南运的枢纽，现如今该地已发展为连云港的市区。东关灶、新浦北侧及东侧渐渐成陆，原来的海域变为现如今的盐场，自临洪口段新开挖的河称为临洪河。

临兴盐场是三个盐场中占据海岸线最长的盐场，其域内产盐聚落也都沿着海岸线分布，“灶”是古代盐民煮海为盐时留下的生产单位，其名称有的沿用至今，有的改为“村”，如小盘灶、东关灶、浦南灶、浦北灶等，现为小盘村、东关村、浦南村、浦北村等。

还有些因盐而兴的集镇保存至今，如青口镇。明代时，临洪盐场盐课司曾坐落在青口镇，现如今的青口镇已不见往日的样貌。笔者调研时发现，青口镇仅有的一片老房区正在被地产商拆除。因现代产盐工艺的进步，产盐用地较古代大为减少，如今淮北产盐主要靠连云港市区东侧及南侧的大部分盐田，临兴盐场的盐田已改为养殖场（图 3-2）。

A. 青口镇

B. 改为养殖场的盐田

图 3-2　青口镇及临兴盐场旧址

2. 板浦盐场

板浦盐场位于临兴盐场南侧、中正盐场西侧，与临兴场之间以海州城相隔。“浦”是指水边或河流入海的地方，早在明代，板浦还是一片滨海之地，靠着沿海的优势成为产盐之地，其东北侧云台山脚下的南城镇也曾处在海岛之上（图 3-3）。

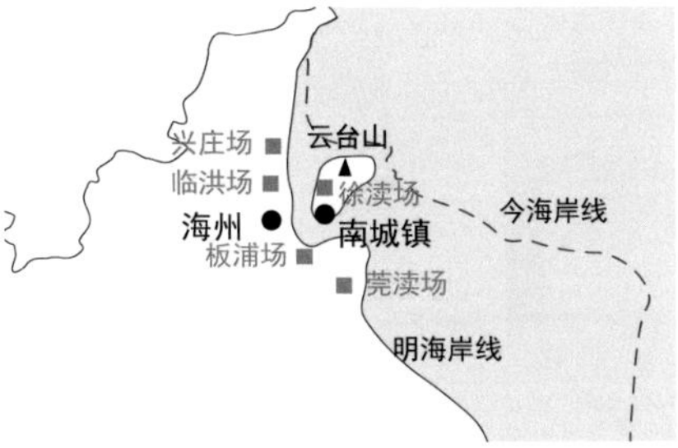

A. 明代板浦盐场空间关系

B. 现代板浦盐场空间关系

图 3-3 板浦盐场及周边空间关系示意图

板浦场还是三场之盐汇集等候掣验、放关出场的地方，其北边的临兴盐场、东边的中正盐场及本身板浦场生产的食盐全部通过场内大小河流运输至板浦（图 3-4）。

A. 板浦放关图

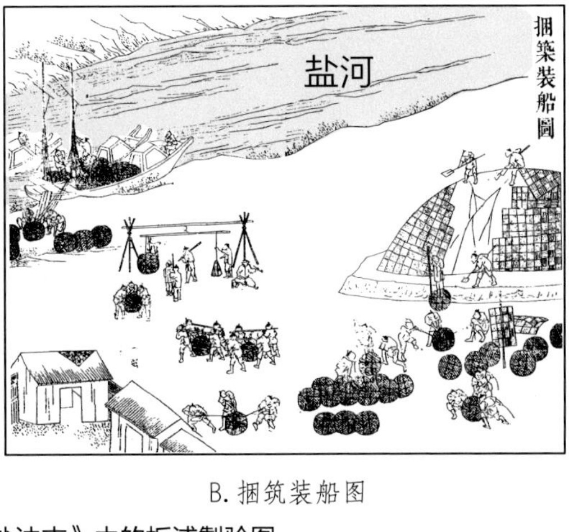

B. 捆筑装船图

图 3-4 嘉庆《两淮盐法志》中的板浦掣验图

河流的通行能力至关重要，随着海岸线渐渐东迁，盐业运输不断受到影响。原板浦滨海之时，北侧临兴场生产的盐可以通过入海口直接运输至板浦。清康熙时期，板浦及板浦以北逐渐淤涨成陆，为方便盐的运输，相继开辟了卞家浦、新浦，在嘉庆时期形成了图 3-5 所示的空间格局。

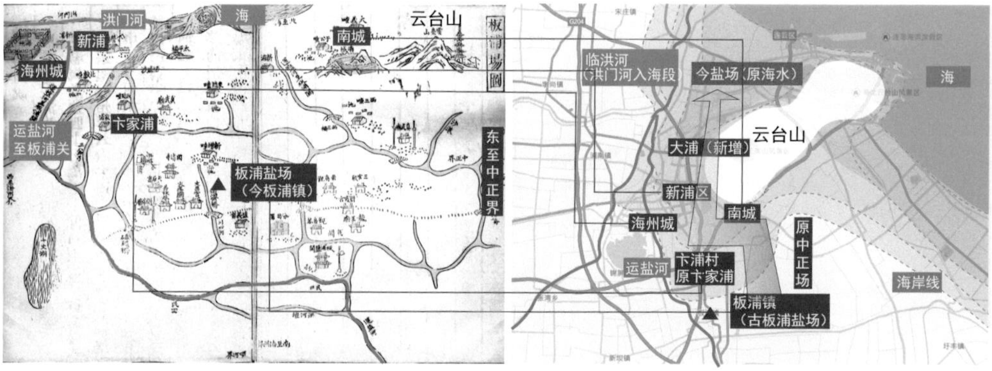

图 3-5　嘉庆《两淮盐法志》中的板浦盐场图与现代板浦盐场位置图对比

新浦得名于清嘉庆三年(1798 年)，因其在板浦、卞家浦形成之后，故名。新浦现在还存有新浦天后宫、新浦盐河巷和盐河等（图 3-6、图 3-7），记录着过去的繁华。

A. 天后宫正殿

B. 天后宫正门

图 3-6　新浦天后宫

图 3-7 新浦盐河巷与盐河

由于黄河入海带来的海涂外扩影响，卞家浦、新浦口相继淤塞，海潮不通。为了满足三个盐场运盐的需要，光绪初年，官方组织继续向北开挖、疏浚盐河，使之成为临兴盐场重要的运输通道。原在新浦附近入海的临洪河口，也东迁至新浦东北侧的大浦。

大浦，现位于连云港市海州区猴嘴街道，旧称大浦港，兼有海、河运输之便，为淮北盐新的集散地。现在猴嘴社区旁有驳盐河，在驳盐河的另一侧就是盐田，盐田现如今依旧在产盐，只是驳盐河上已看不到盐船停泊的景象。民国时期，板浦场在猴嘴修建官坨用以屯盐，猴嘴逐渐兴盛起来（图 3-8）。

图 3-8 猴嘴社区的驳盐河与盐田

1925年，陇海铁路徐海段（徐州至海州）通车。1926年，自新公司、公益公司等盐业公司在大浦建成。图3-9为清末淮北盐场全图，从图中可以看到密密麻麻的盐田铺满了整个海岸线。

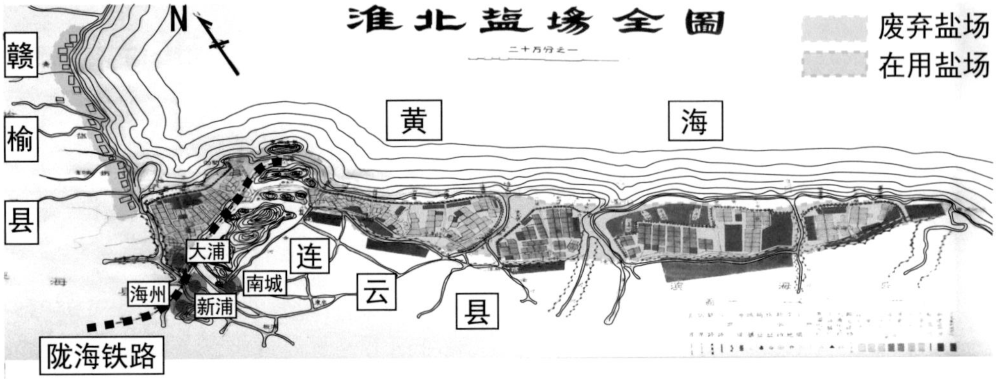

注：底图来自蚌埠市博物馆相关资料。

图3-9　民国时期淮北盐场全图

明清时期的海涂外扩和近代铁路的修建等，致使淮北盐的生产和运输中心从板浦迁移至卞家浦、新浦、大浦乃至现在的连云区。盐业运输中心一直在北徙，其管理机构也由西向东屡有迁徙，从而形成现在的连云港市城市空间格局。盐业经济带动了人流的汇集，将一个个渔村变为港口集镇，商业日趋兴旺。新浦和大浦互相支撑，依托其地理优势，促进了连云港市城市建设的发展。

3. 中正盐场

中正盐场位于板浦盐场东侧，由南侧原莞渎场并入。原莞渎场因靠黄河入海口过近，受海岸线东移影响而渐渐荒废，原莞渎盐场所在今为莞渎村。中正盐场的盐池均在其北侧，那里的东辛疃、东大疃、小浦疃等盐民居住的村庄，现发展为东辛庄、东大滩、小浦村等。中正盐场所产之盐先运至西侧板浦盐关，称掣后再经运盐河南运（图3-10）。

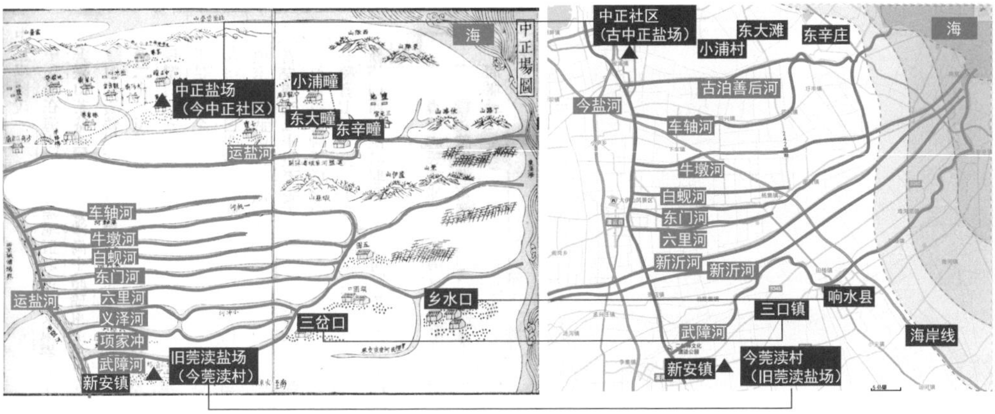

图 3-10　嘉庆《两淮盐法志》中的中正盐场图与现代板浦盐场位置图对比

原运盐河即今盐河，早在唐代便因盐运开凿，又称“官河”“漕河”，历史上的盐河“官舫估舶，帆樯相望”，自古便是淮北盐南运的航道。其东侧有车轴河、牛墩河、白蚬河等东西向河流。为保证盐河水运，河上设有石闸，且不允许两岸民众私自决河灌溉。在沿海产盐聚落里，盐业经济作为主导，农业等都是为盐业服务的。

盐河东侧、莞渎场西侧还有一镇，名新安镇，为明代徽州盐商来到此处从事盐业所建。新安镇紧靠盐河，水上交通十分便利，徽商迁来后，这里人口渐多，集镇规模不断扩大，因徽商多为歙县人，故以“新安”为镇名，此后新安镇商贾云集，市井繁荣，成为运盐河上的一大集镇。

（二）淮南盐场

清代淮南二十个盐场沿江苏中部海岸线分布，海盐经济的发展和盐业生产管理的完善使得盐区内部逐渐形成了完整的产盐聚落体系，并延续至今，成为现代江苏中部沿海聚落格局的基础。因淮南盐场数量远高于淮北，下文将以总结概述的形式，从盐业官控切入，对淮南盐产区聚落体系进行分析，并以富安盐场为例，将清代盐场布局图与现代地图进行对比，研究产盐聚落发展的延续性。

1. 淮南产盐聚落体系的建立

清代，淮南主行纲盐法，以官督商销形式为主，商人在政府监督下参与生产的各个环节，盐区整体形成了“分司—盐场—灶”三级官控体系。纲盐法的实施使得海盐产区逐渐开放，盐商资本入驻盐场，生产资料日渐私有，官控各层级职能逐渐明晰。其中分司是产区内部最高层级的盐业官控机构，负有监督巡查、确保盐课完成之责。盐场大使不仅要督办盐课，还要缉私、组织水利建设以及管理民事等，至清中期，大使官品确定，职权范围已覆盖盐场大小事务，盐场成为盐业经济的基层单元，管理数个以“灶”命名的生产聚落。

与官控层级对应，淮南盐区形成了“分司—场治—市镇—生产”四级聚落体系。其中分司、场治聚落多择址于交通便利、区位合理之处。市镇则因盐产区对外开放、生产资料所有形式和社会结构的改变，导致盐区交换需求增加而形成。且市镇形成的动因也对生产聚落的分布、形态及命名产生了重要的影响，原本以编号、方位为主的命名前缀，逐渐由姓氏所取代，并形成了以“灶”“湾”“河”“洋”等后缀为代表的多种后缀并存的聚落名称。清代淮南盐区这一四级聚落体系，对现代这一地域的聚落布局产生了重要的影响。

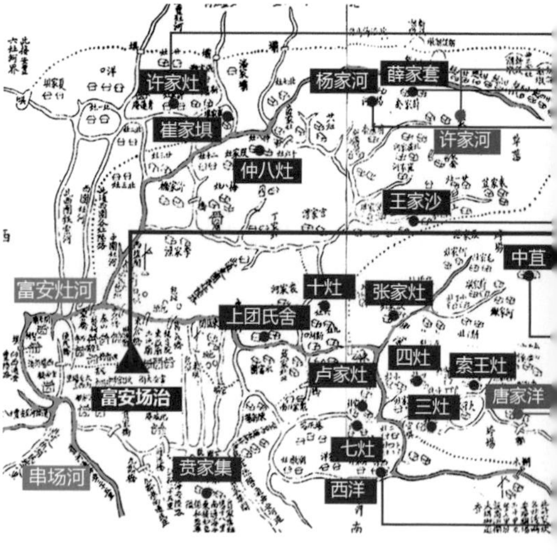

2. 清代富安盐场与今日的对比

清代富安盐场隶属于泰州分司，北连安丰，南接角斜，为淮南盐场之一。盐场内有场治、市镇、生产三级聚落体系。由图 3–11 可知，富安盐场内部无论是聚落层级，还是格局，抑或是聚落名称都基本延续至今。其中场治聚落与市镇聚落多以镇的规模发展，而生产聚落则因盐业经济的衰退与转型，多以村的规模呈现。如今，虽因海岸线东迁于新淤之地形成了众多新的聚落，但其发展仍以清代盐场聚落体系为基础而展开。

场治内部清代建有三里青石板长街，街道弯弯曲曲，犹如青龙，人们称之为“青龙街”，又因街道两侧多条南北向延伸的巷道近看好似蜈蚣，如有百脚，故而民间又称之为“百脚街”。古时街上祠堂、会馆、庙宇众多，亭台、楼阁、碑坊鳞次栉比，商人、游人、香客云集，人声鼎沸，热闹非凡。如今虽往昔的繁荣不再，但古街风貌仍存，格局完整，当年盛景依稀可见（图 3–12）。

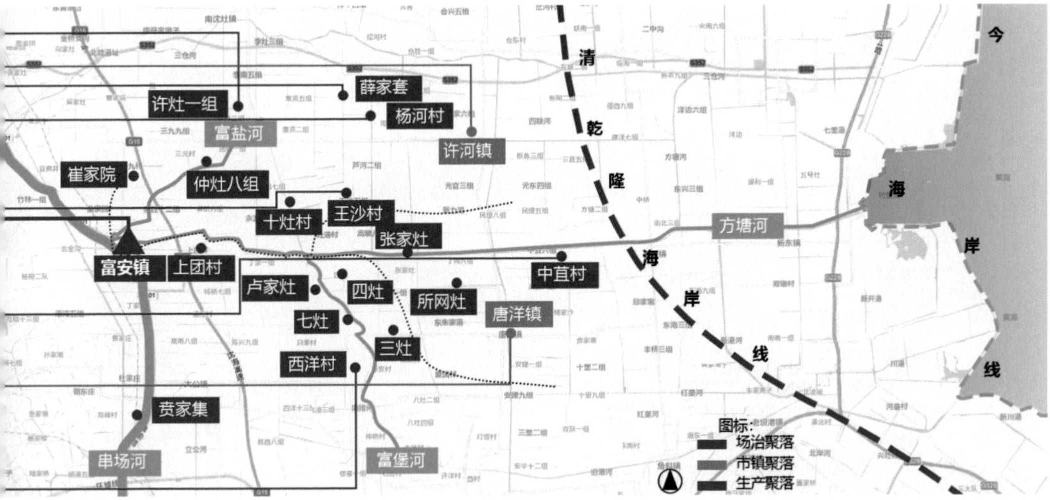

图 3–11　嘉庆《两淮盐法志》中的富安盐场图与现代富安盐场位置图对比

图 3-12　富安老街街景

二、产盐聚落的分布特征

两淮盐区产盐聚落的分布特征表现为：随着海岸线不断东迁，场镇的位置稳定不变，仍分布在盐河、串场河旁侧，而其生产区随海岸线东移而东移。海岸线东移历时七百余年，致使产盐聚落的生产区与场镇完全分离，并且距离越来越远，淮北盐场这一特点十分突出（图 3-13）。

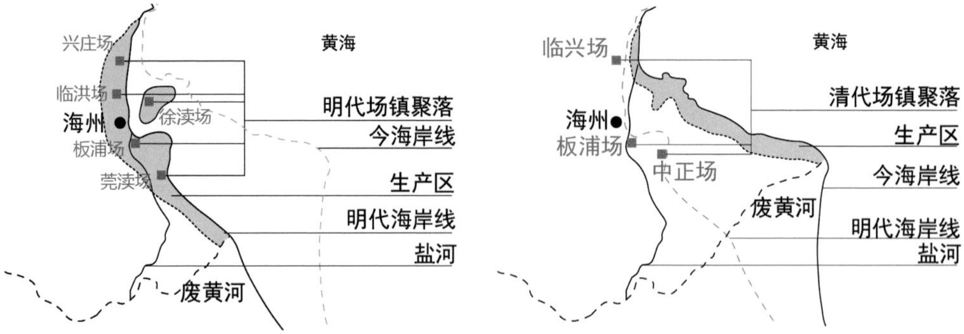

A. 明代场镇聚落与生产区　　B. 清代场镇聚落与生产区

图 3-13　明清淮北产盐聚落场镇与生产区位置对比

场镇位置不变的原因主要有三个：其一，聚落已经形成一定规模，不便搬迁；其二，出于安全需求的考虑，靠近海岸线会有海洪的危险；其三，早在明代之前，两淮盐区为便于盐运便开挖了盐河、串场河，用以专门运盐运粮，这些产盐聚落即紧靠盐河、串场河而发展，不便搬迁。于是就产生了生产区或生产聚落与场镇或盐场聚落距离较远的现象，这时场镇原有的生产职能完全丧失，而政治管理职能及商业职能随之突显。

三、产盐聚落的形态特征

（一）四面环水的整体形态

四面环水的形态特征主要体现于淮南产盐古镇。江苏东部沿海的产盐古镇与我国其他地区的古镇空间分布有所不同，两淮盐业古镇自聚落出现直至最终格局稳定，均有明显的人工痕迹，包括聚落内部的空间结构与河流的分布、走向等，都深受盐业生产活动的影响。宋代，两淮场镇开始出现规模性的建设，由前文淮盐生产分析可知，起初场镇的建筑以“团”为单位，外设围墙以杜私盐，经过多年的发展，到清代，随着淮盐经济的再次增长，场镇布局开始出现突破性的改变，原有“团”的功能布局已不能满足当时的生产要求，故围墙被逐渐拆除，而以河道代替，如此，场镇便保留了封闭的格局，有效预防了私盐的产生。至此，古镇四面环水的格局基本形成（图 3-14）。

（二）以盐课司为核心的空间布局

两淮盐区产盐聚落的空间组成包括围绕着盐课司形成的管理区、仓储区、生产区、农作区、防洪区等，各类空间有不同的功能和分布特点。以板浦盐场为例，自北向南依次分布着盐池、盐民生产聚落、潮墩[①]、盐课司、祭祀建筑、烽墩（图 3-15）。

① 潮墩，明清时期淮北盐场大量修建的一种土筑高台，便于海洪袭来时盐民爬上去逃生。

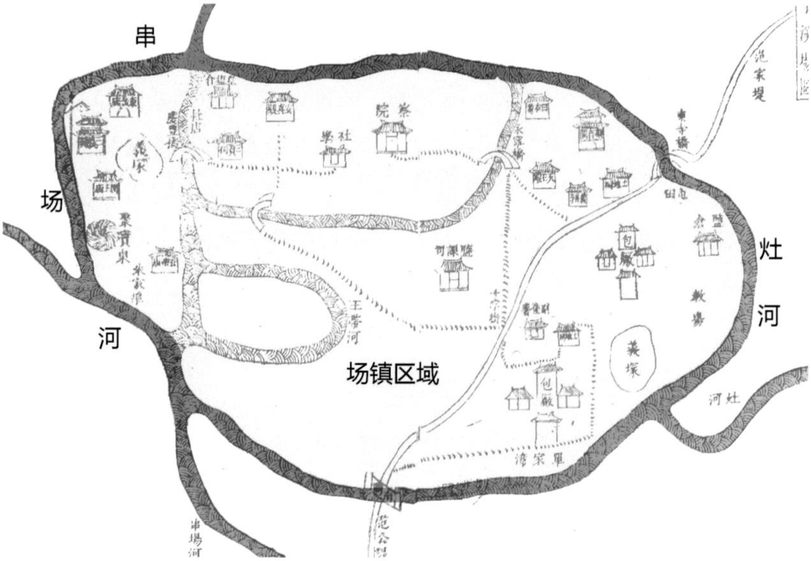

注：底图来自康熙《两淮盐法志》。

图 3-14　清代丁溪场镇四面环水的格局

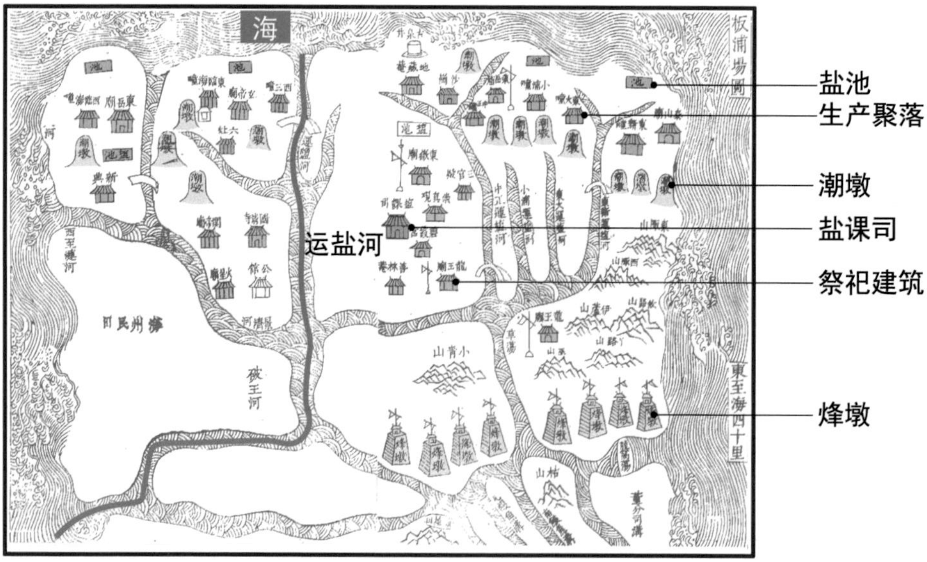

注：底图来自康熙《两淮盐法志》。

图 3-15　板浦盐场空间组成要素

盐课司紧邻盐河，其南北侧建有盐仓，盐业生产区靠近海岸，在远离盐业生产区的盐课司另一侧分布着民田。盐课司、盐仓等建筑分布在潮墩以南的位置，以保证其安全性。明代初期，盐民不需要向政府纳粮，粮食由政府统一发放，后因明政府财政困难，无法按承诺为盐民发放粮食，盐民便在远离海岸线且盐碱程度较低的地方开垦农田，这便形成了农作区、紧邻盐河的场镇商业区和生产区并存这一空间特点（图 3-16）。

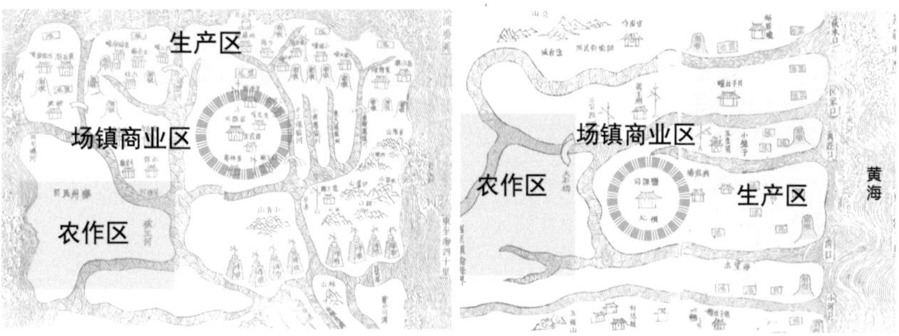

注：底图来自康熙《两淮盐法志》。

图 3-16　板浦场与兴庄场的空间布局

四、产盐聚落的现状及遗存

（一）板浦镇——原滨海产盐聚落

板浦盐场是淮北盐场中历史最悠久、产量最高的盐场。早在明代，板浦靠着滨海的地理条件就成为淮北盐场之一，后伴随着海岸线东迁，渐渐成为内陆城镇，而围绕着原盐课司形成的场镇渐渐承担起盐业贸易的职能。板浦古镇位于今连云港市南侧，因地处盐场通往淮安批验所的盐河旁侧，遂成为盐商聚集之地，临兴、中正两场的盐全部运至板浦等候掣验，场商多居住于此。到清中期，淮安分司移至板浦镇，随后更名为海州分司，板浦便成了名副其实的产盐重镇，盐商纷至沓来，造就了板浦的繁荣。

清康熙年间，板浦已经发展成为两淮地区的三大盐运码头之一。板浦盐关每年征收的盐税不仅可以左右海州的经济形势，还间接地支撑了淮安与扬州的繁盛。同时期，板浦镇开始修建城墙、城门，街巷逐渐繁荣。至民国时期，两淮产盐重心完全移至淮北，两淮盐运司也自扬州迁驻板浦。清代著名的小说家李汝珍因其兄是板浦盐场盐课司大使，便随兄长来此居住，用三十年时间写出了《镜花缘》这部小说。当时板浦商旅云集，也为李汝珍写下这部小说提供了条件和机遇。

板浦古镇以盐课司为交点，空间形态呈“十”字形，古镇的西侧即淮北盐场最重要的盐河，本地居民以及后来的手工业从业者、外地商人来到此处即以盐课司为中心向外建造屋舍，逐渐形成了商贸集镇。今盐课司已不复存在，但旁边的盐课司大使宅依然保存完好（图 3-17）。

A. 入口

B. 屋脊

图 3-17　板浦古镇盐课司大使宅

镇内原有龙王宫、玄帝庙、关帝庙、火神庙、文昌宫、陶公祠等庙宇二十多处，盐业经济带动了古镇的发展，商贾川流不息，酒楼、茶馆、澡堂等场所人声鼎沸，使这座淮北盐都名扬苏、鲁、皖，被称为“小上海”。古镇因徽商的到来，建筑也增添了一些徽派建筑的特色，如汪家大院的门头（图 3-18）。现如今板浦盐场随海岸线东迁已移至云台山北侧（现改名叫台北盐场），加上近代运输方式的影响，板浦镇随之衰落。

A. 正房宅门　　　　　　　　B. 庭院

图 3-18　板浦古镇汪家大院

（二）南城镇——原海岛中的产盐聚落

南城镇位于云台山西南隅，南北朝时所筑，曾名临海镇、东海州、凤凰城。该镇原为海上一座岛屿，岛屿位于板浦镇北 10 千米，明末清初始与陆地相连，因靠近板浦、中正盐场，明清时期获得发展，盐商云集，各手工业者来此聚集经商，古镇兴盛至极，甚至在当时能与海州府、板浦镇相提并论。至今城内还保留一条古街，因此街始建于六朝时期，也被称为“六朝一条街”（图 3-19）。街面宽九尺九寸，由青石铺砌而成，呈“鱼骨状”，有“南头到北头，三里出点头”之说，街面因长期受独木轮车碾压而留下了二寸多深的车辙。

古街两侧的民居都是东西向大门、前店后坊的传统住宅模式。建筑大多有两三道穿堂、三到五进院落，正房大都是南北向，多为“金”字木梁，有的带抄手廊，保持了清代的建筑风格。房屋多以乱石砌墙，少部分使用砖砌墙体。不仅南城如此，连云港大部分古民居都是选择使用当地石材砌墙，至今仍保存较好。历史上南城是苏北地区有名的佛教、道教圣地，相传，城内曾有大小庙宇 72 座，现如今存有城隍庙（图 3-20）、玉皇宫、古凤凰城门、登侯府等建筑。

图 3-19　南城古镇鸟瞰与凤凰城门

A. 南城城隍庙鸟瞰

B. 南城城隍庙正殿

图 3-20 南城城隍庙

（三）余西镇——原入海口产盐聚落

余西古镇在清代位于长江入海口处（图 3-21），今隶属于南通市通州区，是清代通州全境五盐场的核心。古镇四面环水，位于古镇南侧的运盐河是古时余西盐运的交通要道，海边生产的淮盐由余西进入运盐河后运往南通，再由南通进入长江运往扬州后分销。余西的街巷空间设置与一般滨水城镇有所不同，它没有采用平行于河道发展的街巷空间布局，而是使用了“中轴对称，城河相拥”的“工”字形空间布局（图 3-22）。

余西古镇聚落整体格局由南街、北街以及南北向的龙街构成（图 3-22），场镇中最为重要的淮盐管理单位盐课司位于龙街前端，寓有龙头之意，是全镇的核心区位，但目前盐课司仅剩下遗址（图 3-23）。在盐课司两侧挖有深井，寓意龙眼（图 3-24），以此烘托盐课司独一无二的地位。古街原为商业街区，沿街多为前店后宅的集商业与居住功能为一体的建筑，目前大部分的商业建筑格局仍在（图 3-25），但原有的盐仓、盐店、盐栈已转作他用。古镇原有迎江门（南）、登瀛门（北）、对山门（西）、镇海门（东）四座城门，但目前仅迎江门还剩下些许遗迹，其余三座城门随着城镇的变迁已不复存在了。古镇西侧不远处有一座“西来禅院”，是当地的宗教活动中心。

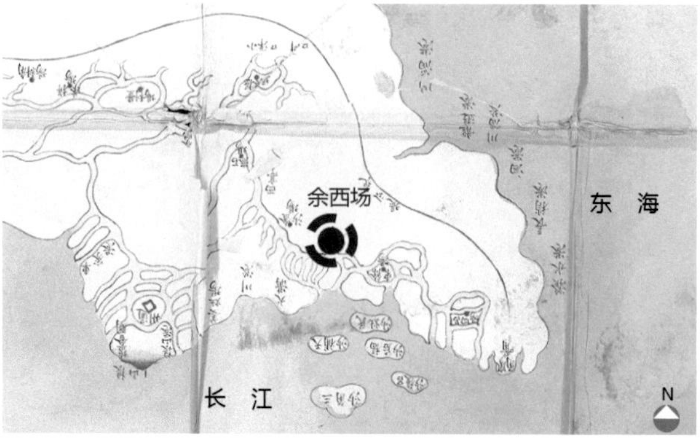

注：底图来自《四省行盐图》。

图 3-21 清代余西古镇区位图

图 3-22 余西古镇总图

图 3-23 余西盐课司旧址

图 3-24 余西“龙眼”

图 3-25 余西老街街景

第二节

运盐聚落

一、运盐聚落的形成与变迁

在封建社会，盐是乡村市集上的主要商品之一，所谓“十家之聚，必有米盐之市”，从城市到乡村，盐作为人们的生活必需品在到处流通。与此同时，一批与传统的政治、军事、文化中心不同的商贸型聚落便因盐的运输和销售而诞生与兴起。

两淮盐场位于江苏东部沿海，盐商在行盐的过程中主要是通过水路进行自东向西的单一方向的运输。在这一运输线路沿线水陆交通便利的地方就形成了两淮盐业的集散中心，如淮北的河下古镇、淮南的仪征十二圩，这些古镇设有盐业、盐政等管理部门，最初的食盐贸易均在此进行。从集散中心至销售地的运输线路过长，盐船需要停靠休息或是更换交通工具等，因此在运销线路上往往会形成地方转运中心。淮河线路上的正阳关镇、京杭运河线路上的窑湾古镇、长江线路上的运漕镇等，都是著名的淮北盐转运中心，这就形成了图3-26的运输模式。

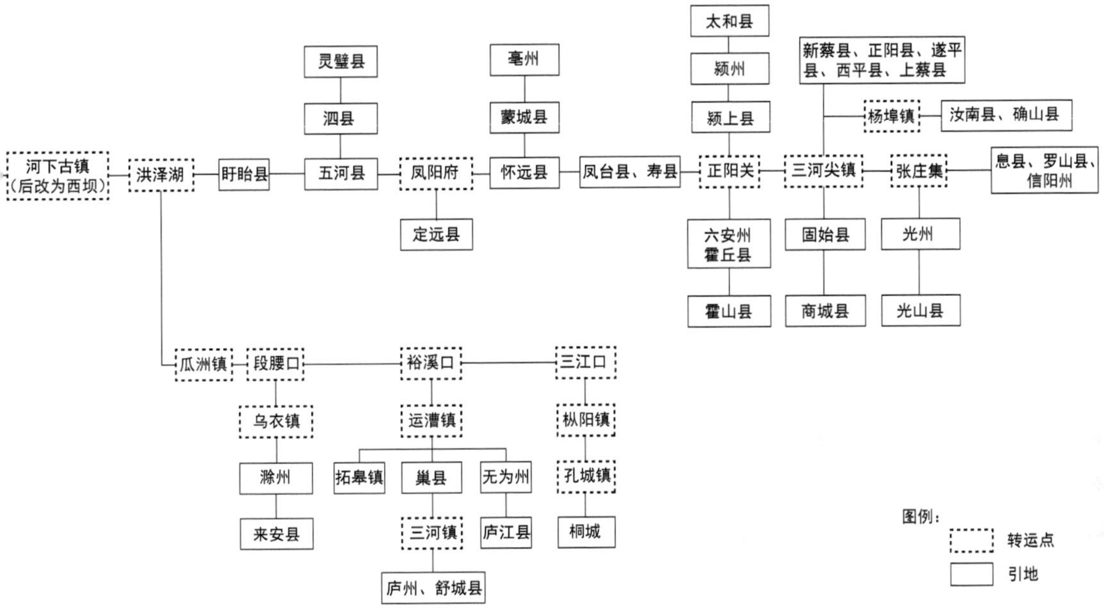

图 3-26 淮北盐运输示意图

运盐古镇主要位于淮盐运输线路的转运节点上，盐商在此停留贩卖或是经此到引地销售，这些商人的活动促进了沿线商业和城镇的发展。

如河下古镇，附近的民众从事的多是与盐相关的行业：年轻力壮的青年参与盐的搬运；老人、孩童及妇女会跟在盐工后面用扫把扫走搬运时洒落的残盐，然后挎篮当街叫卖，价格低廉，人称“老少盐”。每当盐船开运之时，河下便会举行通宵达旦的庆典，盐河两岸张灯结彩，盐商挥金，搭台唱戏，施放烟火，祈愿天神保佑。每年四月十八，河下还会举办“小人会”“都天会”等行业庙会，小人会的参与主体便是盐运的工人。河下古镇因盐业而兴旺繁荣，各地盐商在河下纷纷建造会馆、园林等建筑，现河下还存有润州会馆（图 3-27）。

图 3-27　河下古镇润州会馆

又如正阳关镇，作为淮河沿线的大型食盐贸易中心，由于当时许多盐商会聚于此，镇上各种行业都兴盛起来，青石板铺就的街道两侧商店林立，古镇往来盐船多达数千艘，镇上曾有淮安客栈，是沿淮地区的高档客栈。运盐聚落的发展与盐业运输和盐业贸易带来的各种商业活动有着密切的关系。

承担运盐职能的聚落主要分布于以下地方：在交通辐射能力较强的河流交汇处；因水势落差较大需商人停船休息的地方；需转换交通方式如水路转陆路运输的地方。其空间形态也不同于传统的政治、军事、文化中心或因农业而形成的自然聚落。传统的政治、军事、文化中心通常采用规整的宫格模式，布局规则、等级明确，因农业而形成的自然聚落常以祠堂为布局核心。运盐聚落为方便盐船等靠岸运货，多靠近河道且顺应河道布局。有水道存在的运盐聚落布局大致有三种形态特征：一是在政治中心城镇外形成商业区，规模渐渐扩大，成为城外关厢；二是顺应河流形成鱼骨状布局，以商业街为主要街道串联各商铺、宅居，或是在河流两侧形成两边街的形态，扩大商业面积及增加码头数量；三是在河流一侧缓坡成聚集形态，格局多为垂直“十”字形。这些运盐聚落有共同的空间要素：河道、盐运码头、商业街、盐业官署、盐商宅居、盐商会馆等。

二、运盐聚落的分布特征

（一）分布于河流交汇处

两淮盐区运盐聚落最显著的分布特征，便是分布于河流交汇处，服务于盐业中转。河流交汇处具有较强的辐射能力，联系范围广。此外，河流的沉积作用可形成若干大大小小的平坡或缓坡，这些地带可用于建设的土地较多，水源充足，不仅为生产生活创造了条件，而且便于淮盐的集散和储存。综上，河流交汇处的缓坡或平地成为淮盐集散聚落最理想的选址，故运盐聚落大多数分布在河流交汇处。

如淮运之城——淮安，其在清咸丰之前位于黄河、淮河、京杭大运河三河交汇处（图 3-28），其兴替沉浮几乎取决于这三河。自邗沟开掘以来，淮安便迅速崛起，被誉之“淮水东南第一州”，其地位仅次于扬州，俨然成为运河沿线的商业都会，有“淮安南北噤喉，江、浙冲要，其地一失，两淮皆未易保”[①]之说。淮安凭借独特的地理位置，成为淮北盐的集散中心。淮北盐场之盐通过盐河运至淮安，再通过淮河、京杭大运河运销各地。明清时期，漕运总督、淮安盐运司、河道总督、漕粮中转仓均设于此，淮安凭借其独特优势发展至鼎盛。

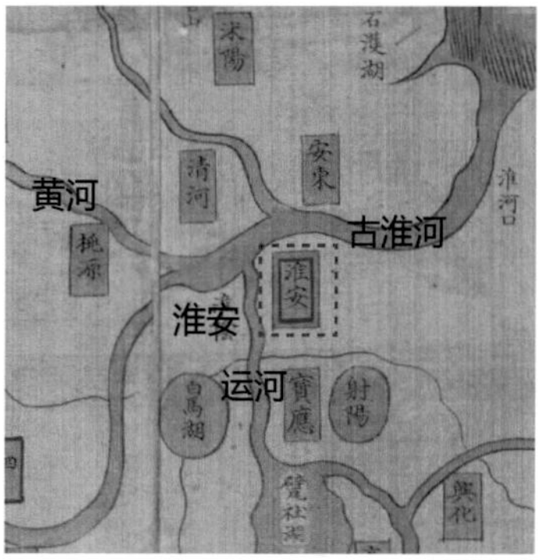

注：底图来自《大明舆地图》。

图 3-28　明代淮安位置示意图

再如湖南的洪江古城位于㵲水、沅江的交汇口，自淮盐行销湖广地区以来便是沅江上淮盐重要的集散地之一（图 3-29）。清代，古镇商贾云集，会馆遍布，素有“七省通衢”“小南京”等美称，是湘西重要的经济、文化中心。

① （清）顾祖禹著，贺次君、施和金点校：《读史方舆纪要》卷二十二，中华书局，2005，第 1072 页。

图 3-29　洪江古城局部鸟瞰与洪江新安会馆

类似的案例还有很多，比如怀远县位于淮河与涡河的交汇处，是淮北盐从淮河进入涡河流域的转运点；运漕镇被牛屯河、裕溪河环绕，是淮盐自长江流域进入江北引地的转运点；瓜洲位于京杭大运河与长江交汇处，是淮北盐江运的第一转运节点和掣验点；三河尖位于淮河、曲河、史河交汇处，是淮北盐自安徽进入河南的大型转运点。

（二）分布于河流末端转陆运处

还有一类运盐聚落服务于盐业运输，分布在河流末端转陆运处。在两淮盐区的边界处，一些引地并无水系流过，或水流在干旱期因水浅不易通船，食盐需要转换交通工具由水运转陆运送达。因交通运输方式的改变，盐商需要在转运点停靠，从盐船卸下食盐再装上马车等交通工具，装卸需要人力、时间等，因此在这些转运节点周边一些从事农业或其他生产的居民逐渐聚集到此处从事盐业劳动，其手工业、商业渐渐发展，转运节点发展壮大形成城镇。

如安庆市桐城县孔城镇，位于孔城河水系末端。嘉庆《两淮盐法志》中提到安庆府属桐城县，“额行并新增加带共一万五百七十二引，由乌沙河经瓜洲出江，过芜湖进三江口至县境之枞阳镇，驳运入孔城镇，共一千一百四十里，又陆运三十里抵县”[①]。又如巢湖市的拓皋镇，位于拓皋河旁侧，食盐通过长江边的裕溪口进入裕溪河，经运漕镇换船至拓皋镇，再向附近的村镇销售。拓皋镇因此成为明清时期巢湖以北两淮盐区最大的食盐、货物集散地。

再如安徽的毛坦厂镇，明清时期，淮北盐由淠河运抵霍山县后，需运往舒城、桐城二县，但因二县地处大别山东部，并无发达的水运通道可以直达，故而淮盐至霍山县后需转陆运至毛坦厂镇，再转水运至舒城和桐城两地。所以自明代起，毛坦厂镇便是淠河流域重要的淮盐水陆转运重镇。明清时期，毛坦厂镇以售盐、种茶和养马为经济支柱。在调研时笔者了解到，古时淮盐由东闸入老街后送往街中盐店（图 3-30），而那时大大小小的盐铺从街头开到街尾，镇中许多居民都是专门从事淮盐运输、销售等工作的。目前老街两侧传统建筑仍保存较为完好，其多为前店后宅或下店上宅的形式（图 3-31）。

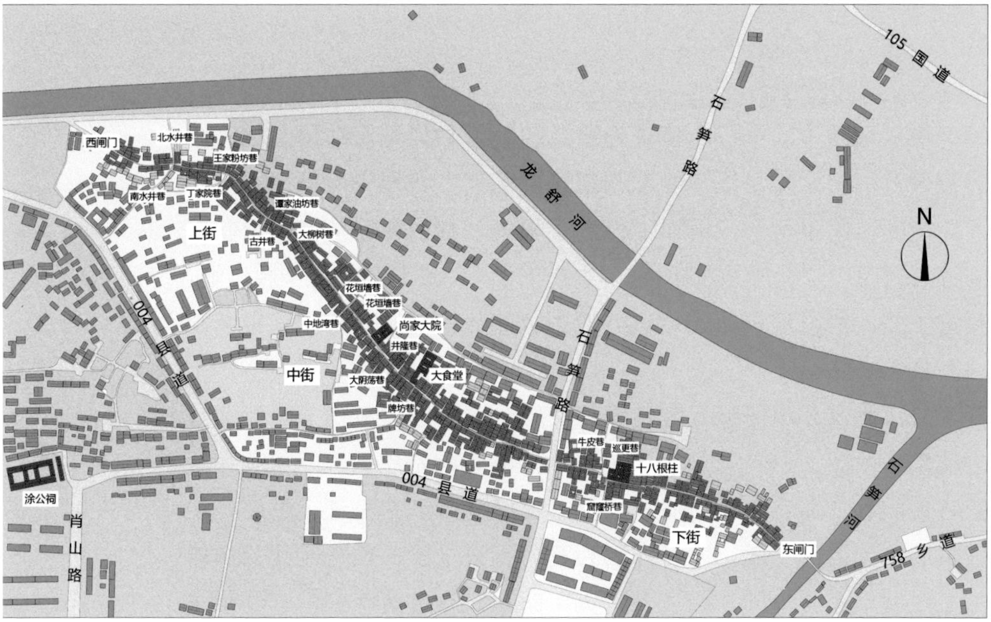

图 3-30　毛坦厂镇总图

① （清）佶山监修，（清）单渠总纂，（清）方浚颐编纂：《两淮盐法志》，清同治九年扬州书局重刻本。

图 3-31　毛坦厂镇中街及上街

（三）分布于闸口或水势平缓处

在水运途中，有些水势较为湍急的地方会设置闸口用于控制水的流量及调节水位，以使船顺利通过。明代，在淮安府城西开挖了清江浦河，即里运河，沿河道修建了板闸、移风闸、清江闸、新庄闸等系列闸口，以清江闸为中心，大量的漕粮、淮北盐在此中转运输，奠定了清江浦交通枢纽的地位。河务、盐务、漕运的带动使得清江浦兴盛起来。

清江闸及旁边的慈云寺、清江文庙、清晏园等见证了清江浦过去的繁华（图 3-32）。值得一提的是，清晏园是中国唯一保存完好的官署园林，名字有“河清海宴”的美好寓意，它见证了淮安在治理黄淮水患上的贡献。同时，因为黄河行舟之险，南来北往的商船大多在此地舍舟登陆，经“石码头”向北，渡过黄河到王家营乘车马北上。这也是清江浦“南船北马，九省通衢”称号的由来。

A. 清江浦鸟瞰

B. 清江浦舍舟登陆处

C.清江文庙

D.清晏园

图 3-32　清江浦组图

自清江闸向北，河道变得水浅河窄，尤其以京杭大运河山东段水势落差较大，故一些水势较为平稳的安全地带便成了盐船、粮船的休息点。如江苏省窑湾古镇，其始建于唐朝，明代后期京杭大运河徐邳段改造，开通泇运河，古镇因位于运河与老沂河的交汇处，天然的河道在此处绕了一个弯子，便形成了自然的港口。往来船只在进入京杭大运河山东段之前，会在窑湾住上一晚整顿休息，并购置日常生活用品等。当时每年约有 8000 吨食盐从窑湾码头运往南北各地，窑湾盐贩逐渐形成了盐帮，随着盐粮等商品运输的繁忙，古镇店铺栉比，商贾云集。八省商人在此设立会馆，十三家富商在这里设钱庄，以徽商和晋商在窑湾的经济实力最雄厚。依靠着漕运和盐运，窑湾一直繁盛无比。因往来船只在夜晚整顿休息，清晨购置东西出航，于是在当地形成了“夜猫子集”和早市，沿袭至今。

三、运盐聚落的形态特征

（一）城外关厢的空间形态

淮北各个盐引地府、州、县的治所为“城”，其特征是筑有城墙，城内布局较为规整，遵循着严格的等级制度。盐商等商人群体来到淮北盐区的各州县引地后，往往选择在城外临近河流渡口的地方建造会馆、庙宇、店铺等建筑，其原因：一是靠近码头，方便货物的运输；二是城内空间多为本地居民占据，外来商人群体不易融入。于是城门外商旅络绎，发展为商品贸易的集市，形成城外关厢的空间形态。实例有亳州北城关、淮安河下古镇等，其城内是官绅聚居区，也是地方的行政中心，城外街巷因商业的发展而店铺、会馆林立（图 3-33）。

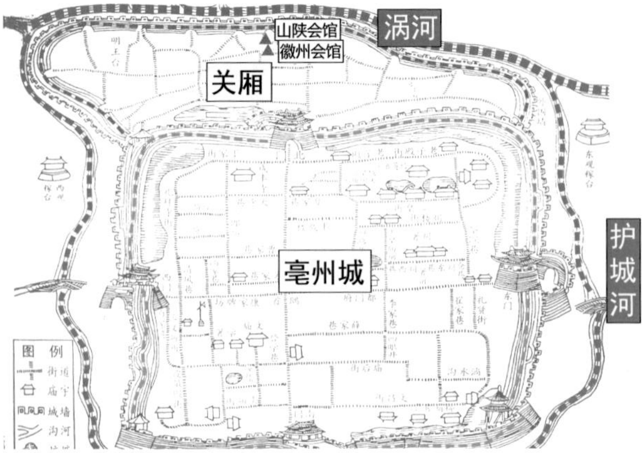

注：底图来自光绪《亳州志》。

A.清代亳州城图

B.亳州鸟瞰

图 3-33　亳州城及城北关厢

以亳州为例。亳州地处淮河的支流涡河沿线，北部为黄淮平原，因三面与河南交界，有“南北门户，吴豫咽喉”之称，是淮河水陆交通枢纽。明末的水旱灾及社会动乱致使亳州地区百姓逃亡、田地荒芜。清初，社会安定，涡河的水运慢慢兴旺，亳州的社会经济也随之迅速发展。以盐商为主的商人群体在城外建立店铺、会馆、庙宇等，加之当地物产富饶，促进了亳州工商业的繁荣。盐商在嘉庆时期亳州暴发大水时还曾组织捐款，有效稳定了当地社会秩序。

目前，亳州城北关商业街道纵横交错，形成以十字大街为主的网格式街巷格局（图 3-34）。街巷多以行业命名，一街一市，比如白布大街、大牛市街等。清代，该处商业繁华，各类商店、客栈、钱庄近千家，有山陕会馆、徽州会馆（位于山陕会馆左前侧，现已毁）、江宁会馆、粮坊会馆等，同时还出现了较早的商业银行“南京巷钱庄”。盐业、粮业等行业经济的发展加速了城内居住区与城外商业区的分化，改变了亳州的城市面貌。现在的亳州城北关格局保护较好，基本与清代一致（图 3-35）。

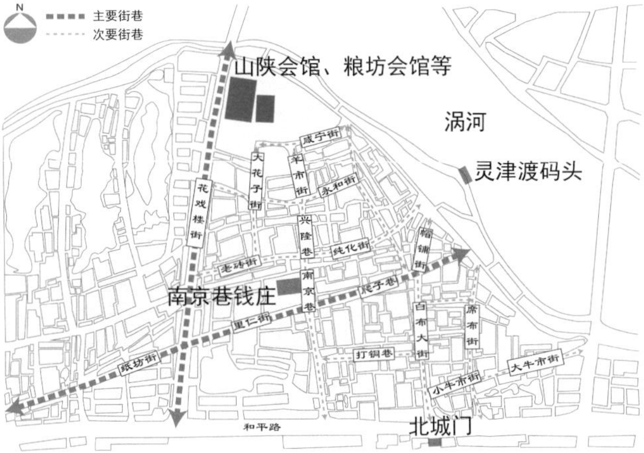

图 3-34 亳州城北关平面图

A. 亳州山陕会馆

B.亳州永和街

C.亳州白布大街

D.亳州帽铺街

E.亳州南京巷钱庄

图 3-35　亳州城北关商业街

咸丰年间（1821—1852），黄河多次决口，皖北地区成一片泽国，饥荒频发，民不聊生。亳州及蒙城县处在淮北盐区与长芦盐区交界处，这为捻军起义提供了条件。张乐行作为捻军起义的首领，在起义前便是私盐贩，为贩运私盐而建立自己的武装队伍，与朝廷抗争。这样的私盐主在皖北还有很多。灾荒不断、盐区交界、政府腐败、官盐价高，捻军起义便在这样一个背景下爆发。同太平天国运动占领长江航运通道一样，张乐行率领捻军占领控制淮河盐运通道，给清政府以沉重打击。

（二）鱼骨状的空间形态

服务于盐业运输的古镇街道多顺应河流走向布局，这样可以形成更多的临水码头面积及商业面积，也方便货物运送至商业主街。在空间形态方面，一般以一条商业街为主轴呈带状布置，还有许多垂直于河道的巷子，整体呈“鱼骨状”。这种运盐古镇规模较小，盐业运输是其经济支柱，有些巷道即以盐命名，比如正阳关的盐卡巷、三河古镇的盐巷等。盐船停靠码头后，食盐被送至店铺或盐仓储存。

如皂河古镇（图 3-36），位于京杭大运河沿线，主街街头为“龙王庙”，街尾为“私盐庄”。明清时期，因盐利巨大，沿线运输的船只常常会在船上夹藏私盐，在皂河镇的北侧便有一处盐商用来屯放私盐的村庄。现在皂河古镇还存有山东陈姓盐商宅居、财神庙、龙王庙等建筑遗存。

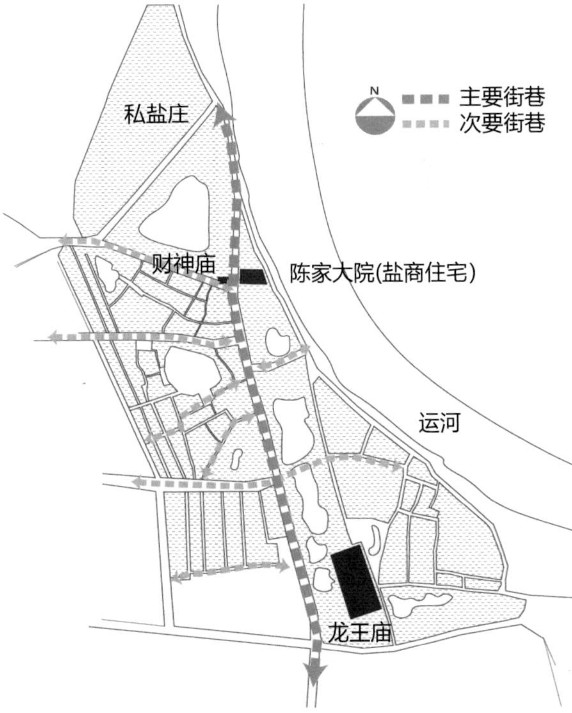

A. 皂河古镇平面形态

B.皂河古镇鸟瞰

图 3-36　皂河古镇

再如运河沿岸的窑湾古镇（图 3-37），形态基本取决于河道的走向，依水就势，沿河道随弯就曲。现北大街、中宁街保存完好，还存有西门与南门，沿街巷道密布。镇上街道两侧的商铺多为两层，设有两步架的前廊，前店后宅，楼层较低。山陕、徽州、山东、江苏等地商人曾来到窑湾经营盐粮生意，留下了大量的行业会馆、盐仓、码头等遗迹。其中，山西会馆庄严宏伟，保护情况较好。

前文提到，盐船自长江的三江口经枞阳镇驳入孔城镇，再转陆运抵达桐城引岸。孔城镇也是典型的鱼骨状布局形态，以中大街为主轴，巷子密布，商业街内民居店铺布局紧凑，盐商捐资所建会馆、庙宇分布其中（图 3-38）。镇中民居多采用前店后宅式布局，店铺后面是作坊和居住用房，其间用院落来联系。盐商的店铺在开间数量、院落层次和整体规模等方面都较民居更胜一等。

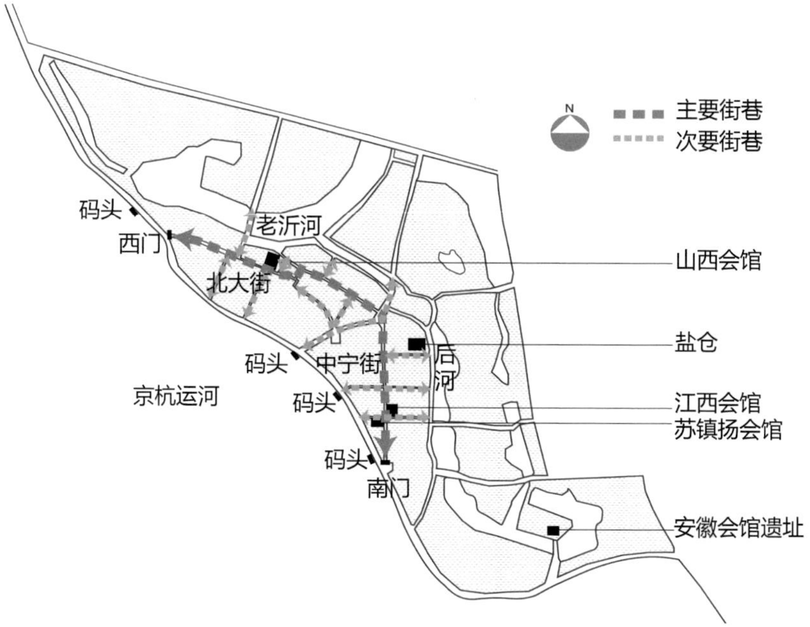

A. 窑湾古镇平面形态

B. 窑湾古镇鸟瞰

C. 窑湾古镇中宁街

D. 窑湾古镇盐仓

图 3-37　窑湾古镇

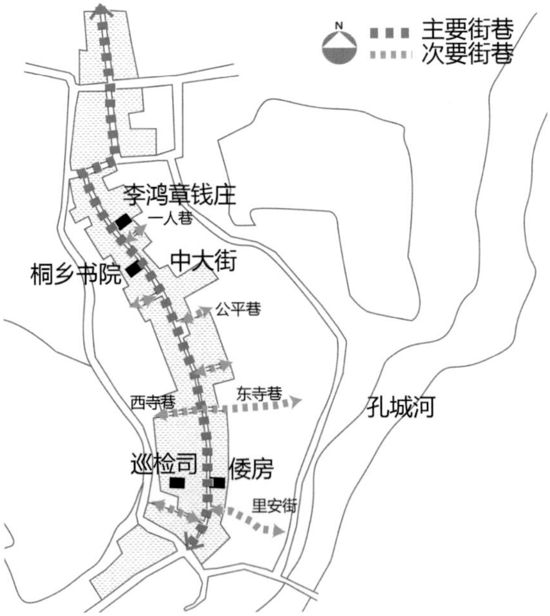

图 3-38　孔城古镇平面形态

笔者调研发现，鱼骨状的空间形态在运盐古镇中最为常见，这类空间形态以最大的限度扩张其码头和商业面积，盐商自码头卸货后，可方便地将货物运至店铺或仓库。其主要街道由商业街、巷道、广场、码头等要素构成，是一种典型的线性序列（图 3-39、图 3-40）。从街头到街尾具有较强的方向感，两旁建构物的高低错落使主街产生一定的秩序感。以毛坦厂镇为例，老街东西有两座闸门，主街分为上、中、下三段，街上原设盐行。古镇中的外地商人多来自巢湖地区，淮北盐商在此将食盐销售出去。

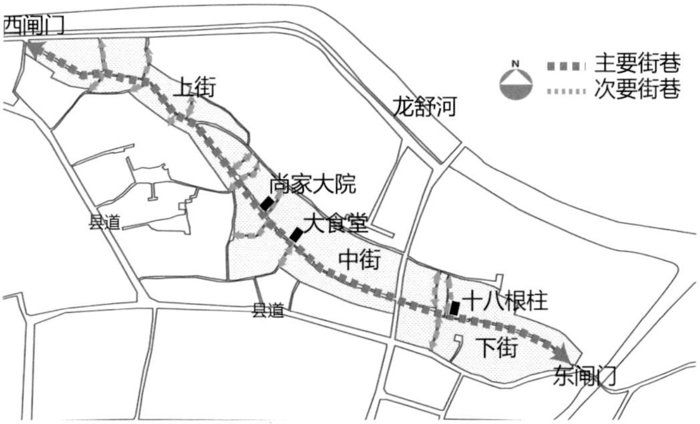

A. 毛坦厂镇平面形态

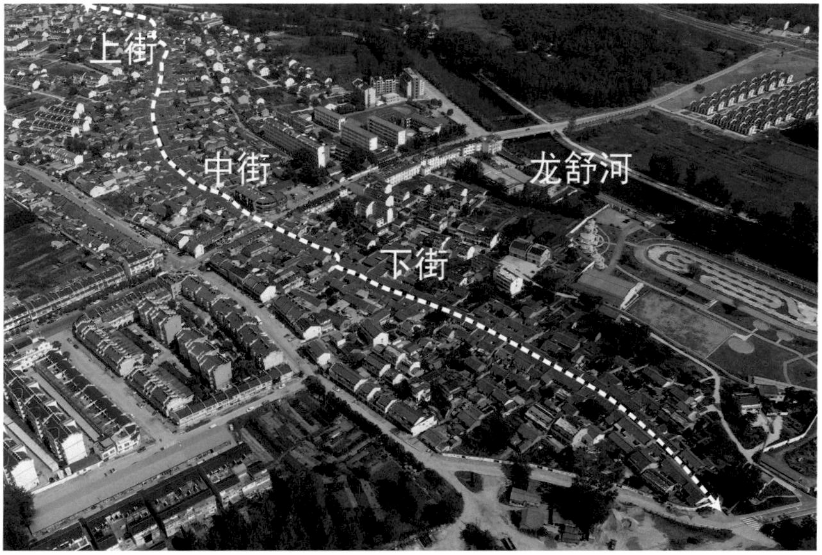

B. 毛坦厂镇鸟瞰

图 3-39 毛坦厂镇

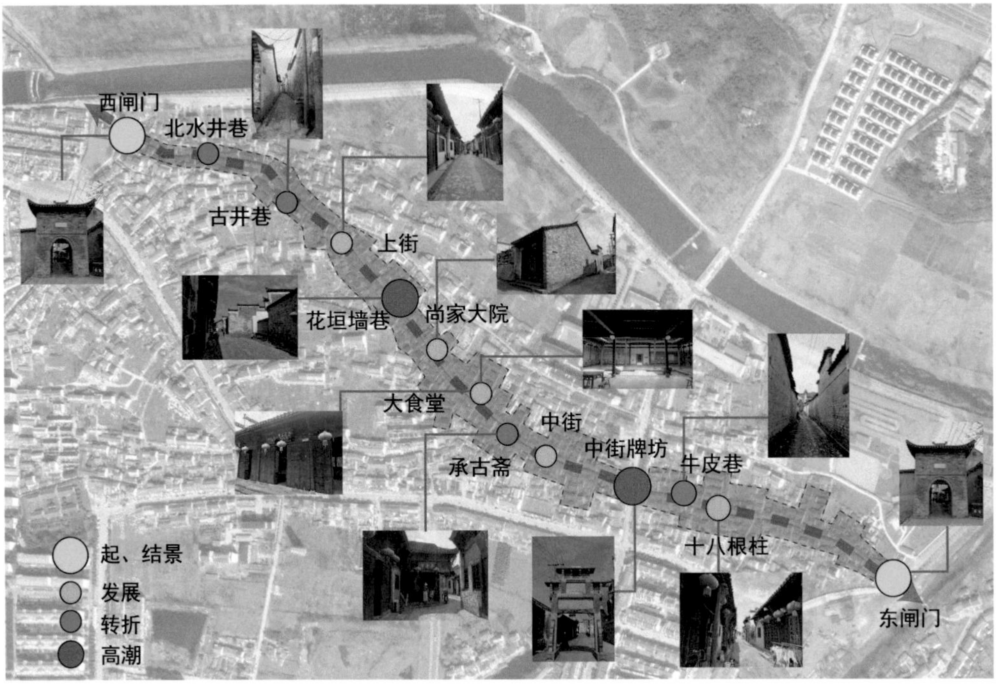

图 3-40　毛坦厂镇空间序列

还有一些运盐聚落分布在水势较缓、宽度较窄的河流两岸，聚落在沿河两侧成街，形成河流两岸两条鱼骨状商业街的模式。这既扩大了盐运码头的面积，也便于两侧居民生活，这类运盐古镇的空间规模较沿河一侧带状分布的古镇的更大一些。

以三河古镇为例，古镇的空间形态沿小南河展开，沿河成街，以街为骨架，连接众多窄巷，串起沿街商铺及民宅。街巷体系呈鱼骨状，主街与巷子垂直，街巷巧妙利用水系环境，随弯就曲，后演变为现在的一河分两街的形态，在河上有许多座桥梁连接两岸（图 3-41：A）。三河古镇古街共有三段，分别为古西街、中街及东街，其中仅古西街保存较为完好，还保存有盐巷、盐店。盐店即三河古镇最大的商业机构刘同兴隆庄，建筑为下店上宅式结构，既经营盐，也经营米、金器等。因多有徽州盐商到此经商，古镇建筑为徽派风格，宅院相对规整，垂直于街巷布局。

再如江西的浒湾古镇也是典型的鱼骨状聚落。古镇位于江西淮盐抚河运输线路之上，为此运输线路中的重要节点聚落。清代，淮盐由浒湾集散，分别运往金溪、建昌等地。古镇沿抚河原设有多个码头，靠近码头还设有多个盐仓、漕仓。聚落整体形态以码头为中心，呈发散带状布置（图 3-41：C）。

此外，拓皋镇因位于拓皋河尽端，水流较小，在河东岸北闸街的基础上，于西岸又发展出沿河街（图 3-41：B）。古镇在清末有九街十三巷，现存老街为北闸街。街上原有老盐店，盐商在此处将盐运往附近的村落销售。老街中段有李鸿章当铺，为李氏家族在清末所开设。李氏家族在安徽境内置办的产业众多，涉及盐业、漕运、房产、典当等。

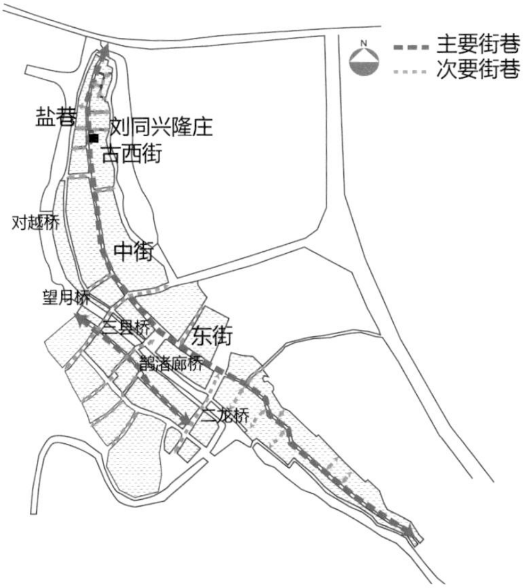

A. 三河古镇

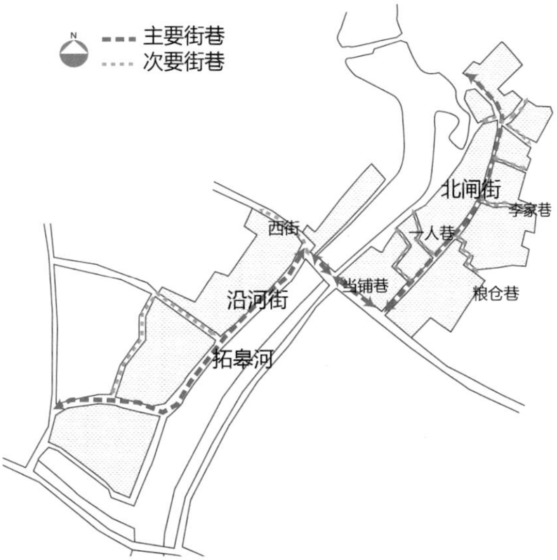

B. 拓皋镇

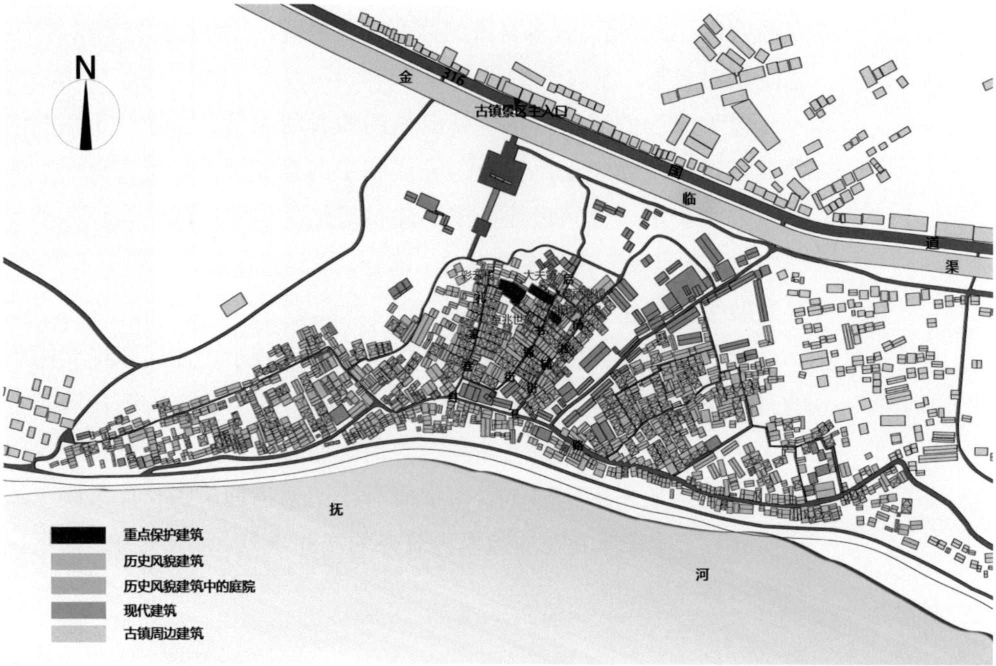

C.浒湾古镇

图 3-41　沿河流两侧分布的运盐聚落空间形态

（三）十字形的空间形态

在一些盐运中转职能较强、辐射盐引地范围较大的运盐聚落中，盐商聚集，人口密度较高，相对于小型转运点的运盐聚落，其规模更大，空间形态多呈“十”字形，两条主街交叉布置，在主街基础上再依次发展巷道。

如运漕镇，古镇位于长江与裕溪河交汇处，裕溪河是由巢湖进入长江的唯一水道，运漕镇占据这一优势，从而成为无为、巢县、庐江三岸的食盐集散地。裕溪河畔曾有西仓盐库专用的盐码头，过去停满了来此批盐的商船。

自明代朱元璋钦点了运漕镇作为“江北十二圩盐引岸”，徽商快速携盐引进入运漕，建盐仓，设店铺，向整个巢湖流域批销食盐。

食盐的暴利使得富裕的徽州盐商开始捐资扩建运漕镇的街道、码头，修建具有典型徽派建筑特色的深宅大院，古镇也由此繁华起来。而附近来此批发食盐的盐贩们，又携带其余货物来此交易，从而带动了古镇的兴盛。

运漕古镇的格局以东大街、工农街、上大街、下大街所组成的“十”字形街道为主，辅以各巷道（图 3-42）。现在古镇西侧还保存有盐仓、盐仓码头等建筑遗存。古镇街巷空间错落有致，庞大的规模也展现了其昔日作为盐业集散地的繁华。

图 3-42　运漕镇空间形态

时至今日，古镇大部分建筑已不复往日样貌，裕溪河中商船桅杆林立、首尾相连、绵延数里的景象也已不复存在，运漕能从一个普通的渔村变为裕溪河流域的中心集镇，盐的作用功不可没。

四、运盐聚落的现状及遗存

（一）河下古镇——淮北盐集散中心

1. 河下古镇在淮北盐道上的作用

清代淮安府位于黄、淮、运三河交汇处，既有漕运总督、河道总督，又有两淮盐运使司淮北分司、淮安榷关驻节于此，管理漕运、河道、盐河榷税等事务，在里运河沿岸逐渐形成河下、清江浦、王家营等市集。众多市集中，河下有“城西北关厢之盛，独为一邑冠”之誉。

大约自明中期开始，淮北盐运分司从今涟水县迁至河下，淮北批验所也移驻河下大绳巷，此后，淮北“产盐地在海州，掣盐地在山阳”的局面便形成了，河下遂成为淮北盐必经之地。盐商在淮北各盐场购到食盐后，经运盐河将盐运至河下镇集散——河下成为名副其实的淮北盐集散中心。淮北掣盐是集齐一单再掣验，而集齐一单的盐往往要等待很久，运商、场商等盐商便聚集在河下，大量的盐在河下批验和交易，造就了河下古镇的繁华，《淮安府志》载：“（淮安）为淮北纲盐顿集之地，任鹾商者皆徽扬高赀钜户，役使千夫，商贩辐凑，秋夏之交，西南数省粮艘衔尾入境，皆停泊于城西运河，以待盘验。牵挽往来，百货山列。”①

2. 淮北盐在河下的运输线路

河下古镇位于淮安府城西北，依靠运河与盐河成为淮北盐的集散中心（图 3-43）。明万历以前，淮河水道从盱眙向东北延伸，至古淮阴县向东，过了王家营至草湾，随后拐弯向南，经钵池山东侧南下，到达河下，又转弯向东，经过柳淮关（今名下关）向东北，再过范家口、刘伶台、季桥大湾和小湾，到涟水大桥，最后向东入海。河下不仅因为淮河流经而四通八达，还因拥有专门用于运盐的支家河而与淮北海州、安东的盐场相通。明万历以后，黄（淮）河改道

① （清）孙云锦修，（清）吴昆田纂：《淮安府志》卷二，清光绪十年刊本。

草湾河，原黄（淮）河成为内河，于是被利用为淮北盐南运的河道，至此又被人们称之为盐河。

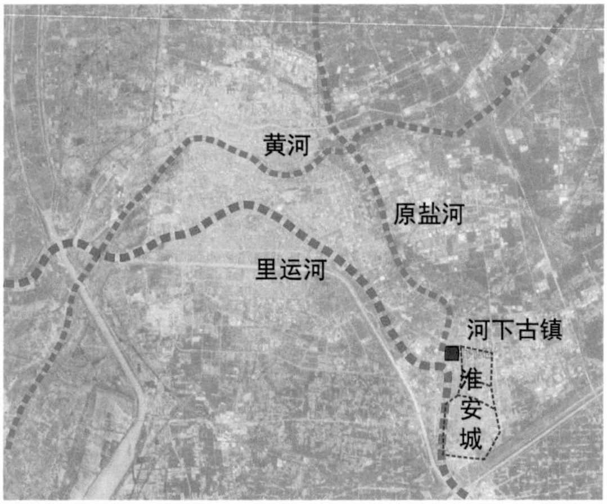

图 3-43 河下古镇区位

自黄(淮)河北涉,运河改道淮安府城西后,河下的位置愈加重要,在府城西开有另一盐河（运料河），淮北销往安徽、河南等地的引盐，全部由此入湖西运，另一部分则由运河运至仪征下长江，再运到庐州府。因运河北通京都，南接扬州盐运使司，盐务官员往来频繁，达官贵人、文人墨客也多从运河来去，这给盐商们提供了各种信息以及结缘交往与诗酒唱和的机会。

3. 河下古镇空间形态

河下古镇为典型的城外关厢的空间形态。古镇南侧为里运河，西侧为盐河，镇北有两道河流，镇前有三道圩门防护。古镇石板街迄今犹存，有石工头街、湖嘴大街、估衣街、柳家巷等街巷（图 3-44、图 3-45），还有程公桥、太平桥、屯盐桥等桥梁。

铺造这些街巷和桥梁用的石板，都是由乾隆年间徽州大盐商程本殿派去江南、浙江等地运盐的回头船所运回的。史料记载：“以满浦一铺街为商贾辐辏之地，地崎岖，不便往来，捐白金八百两，

图 3-44　河下古镇估衣街古民居

图 3-45　河下古镇湖嘴大街

购石板铺砌。由是继成善举者，指不胜屈，郡城之外，悉成坦途。”[①] 其他盐商也纷纷在此修路建铺、筑园置庐，促进了古镇快速发展，古镇因盐商的到来面貌也大为改观。罗桥街一带，东自花巷头，西抵古菜桥，民居最为稠密。为了联络乡情和商议生意上的事务，各地商人还纷纷建立自己的会馆，比如浙江会馆、江宁会馆等。

盐商和盐运事业给河下带来四百多年的繁荣，盐商与河下乡绅一向关心慈善公益事业，形成的风气和传统一直延续至清末。比如：盐商程氏开办公善堂，向河下的贫苦百姓施粥。盐商们还曾开办养幼堂、济稚局、量剂堂等，又创办了两所义学，分别是养蒙书院和桂香义塾。

盐商喜爱造园，明中叶后，淮安私园大量涌现，据史料记载，古镇约有 70 多处园林，其中以徽商所建为主，多建在河下及萧湖西北侧。古镇东南侧为萧湖，位于里运河边上，萧湖分为南、北两区，中间为莲花街，北区为盐商私家园林群，萧湖曾与勺湖、月湖并称

① 王光伯原辑，程景韩增订，荀德麟、刘功昭、朱崇佐、刘怀玉点校：《淮安河下志》，方志出版社，2006 年，第 62 页。

为“淮上三湖”（图 3-46）。由于纲盐改票，萧湖北区的私家园林逐渐萧条败落，现在已看不到保存完好的古代私家园林。

4. 河下古镇衰败的原因

盐商的兴盛是建立在纲盐法给他们带来的巨利之上的。清代承明代纲盐法，淮北盐的生产和销售进入黄金时代。但盐商报效捐输日渐频繁、各级官吏盘剥日益加重等弊端也逐渐突出，严重影响淮北盐的产、运、销。道光年间，原本淮北盐商垄断的销售市场丧失殆尽，私盐猖獗。两江总督陶澍创行改票法，规定凡富有之民带钱到淮北分司领取盐票，都可以贩卖食盐。这一举动便把淮北盐商世袭垄断的特权和暴利尽行剥夺。淮北盐批验所等盐务机构迁至淮安西坝，河下一带以搬运食盐为生的工人也纷纷失业，河下豪商纷纷破产，不到十年的时间便“高台倾，曲池平”。现如今的河下古镇仅能从花苑、湖嘴大街、估衣街依稀看到过去的街巷空间格局，古镇西北侧的运盐河、南侧的盐粮厅、浙江会馆、江宁会馆、新安会馆等已不存在（图 3-47）。

图 3-46 河下古镇萧湖

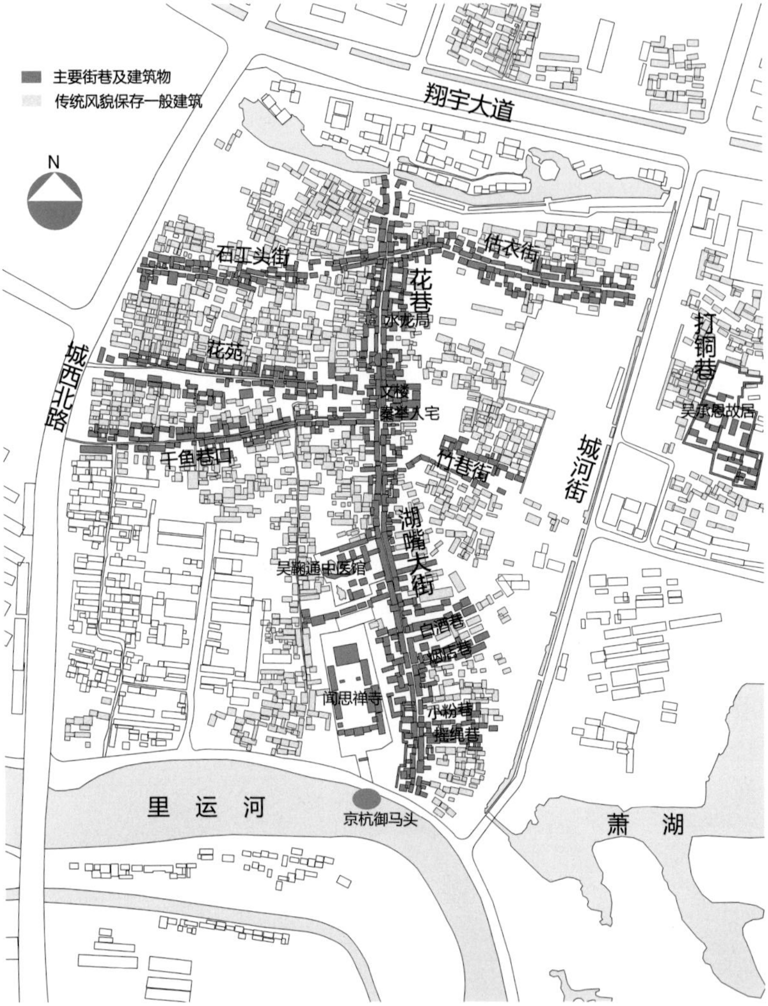

图 3–47　河下古镇平面现状

（二）正阳关镇——淮北盐收税关卡

1. 正阳关镇在淮北古盐道上的作用

正阳关位于淮、颍、淠三水交汇处，其上通汝、颍，下通洪泽湖，水路交通十分发达，自古便是淮河重要的水运枢纽。因其优越的地理位置，明朝政府在此设立收钞大关，直属户部管理，收取粮食、食盐、茶叶等往来物资的课税，有“银正阳”之称。清咸丰年间，政府在正阳关设立盐厘局，向运往皖北、皖西、豫南等地的淮盐征收厘金；同治年间，政府又在此设立督办淮北督销正阳关盐厘总局。作为淮北盐的重要集散地之一，皖西北、湖北及豫南广大地区所用食盐必经正阳关。

2. 淮北盐在正阳关的运输

盐厘局地址在今正阳第一小学内，督办淮北督销正阳关盐厘总局地址在今正阳关镇南堤大王庙。今南堤粮站和大王庙仓库处在清代盖有几百间大瓦房作为存盐的仓库，淮河边修建有一个大船塘，让运盐船只在遇到大风大浪时可进塘暂避。当时的盐商来正阳关领取盐厘局发放的批文，然后沿淮河向盐场“进盐”，再将食盐运回正阳关后销往皖北、豫南各地，一时间往来正阳关码头的盐船多达数千艘（图 3-48）。

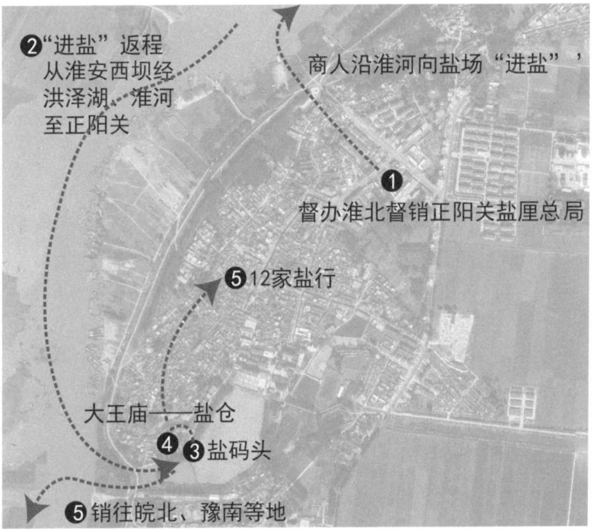

图 3-48 盐商在正阳关进销淮北盐流程

那时盐厘总局大院里，盐商们要通宵达旦排队缴纳盐税，然后凭借盐厘总局发放的引票，到南堤盐仓中领取淮盐，之后再批发到各地。正阳关因来往的商贾众多而呈现出“户口殷繁，市廛饶富”的景象。一些盐商十分富有，生活奢华，正阳关以前有一些高大的青砖黛瓦马头墙式的徽派建筑，那就是一些盐商的宅院或店面。可以说其曾经的繁荣与正阳关是淮北盐的集散地有很大的关系。

3. 正阳关镇空间形态

正阳关古镇为典型的鱼骨状空间形态（图 3-49）。古镇一面临水，另外三面有发达的陆运交通，虽有城门，但又不是传统四方城的规则型结构。因在历史上屡遭洪水的侵害，有民筑土圩以抵御洪水。同治年间，寿州知州命人在土圩旧址上改筑城垣，城设四门，上有

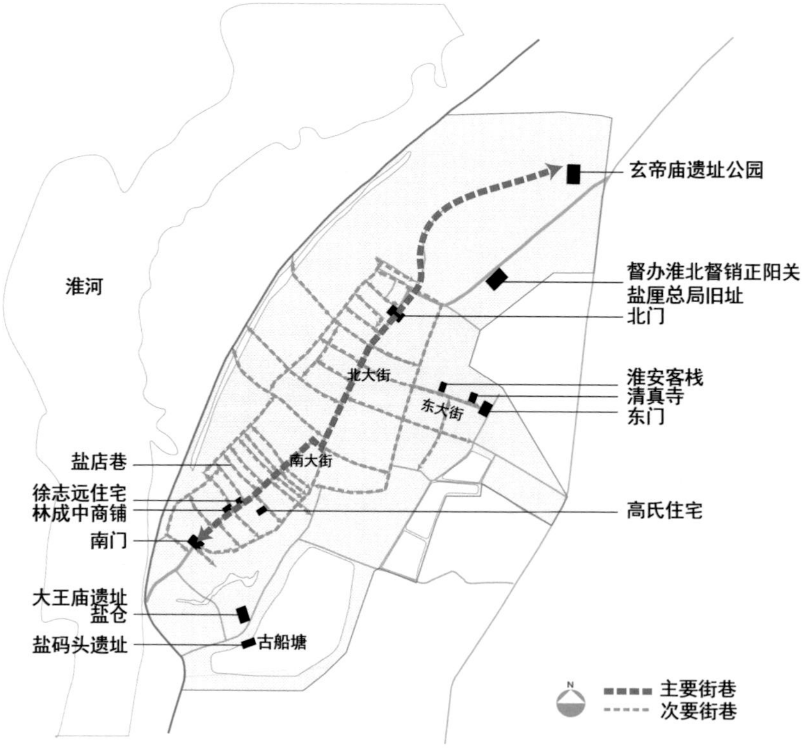

图 3-49　正阳关古镇空间形态

城楼。古镇便形成四个方向的主要商业街，其中以南大街最为繁华。南大街南自正阳关南门起，北至三元街口，全长约500米，街巷肌理清晰，呈鱼骨状。沿着街道两侧保存着较完整的商铺、住宅等，一般为前店后院，店面都用木板门。

镇上的建筑具有很强的包容性，可以看到许多徽州马头墙与北方四合院的组合，这是因为过去大量的徽州盐商在正阳关驻留，他们在此建造宅居，将马头墙这一建造技艺传播至此。古镇现保存较好的民居有徐志远住宅、林成中商铺、高氏住宅。其四座城门有三座保存较好，基本保留了过去的格局与风貌。

正阳关目前与盐务有关的还有一条长100米、宽2米左右的小巷，叫盐店巷（图3-50），清末民初盐务总局在此设置过河的钢丝缆（又叫官缆）一副，用来拉缆封河设卡以收取过往船只盐税，此乃今日正阳关与盐务有关且较为著名的地方之一。如今小巷两边楼房林立，不复见当年拦河设卡、收取盐税的景象了。

图3-50　盐店巷

正阳关镇南侧的古船塘处有一座大王庙，由清末盐商出资修建，庙内还建有盐仓，该庙的修建是为了保护官员与盐商的利益。当时的徽商还出资修建了寿阳书院，后改名夔梅学堂，即正阳中学的前身。可惜的是过去的建筑多已不存，只能从文献资料里看到盐商对运盐聚落的发展所做出的贡献。自北门出去向北500米处曾有座玄帝庙，过去坐贾行商常常来此祭拜，祈求水运平安，庙宇香火鼎盛。古镇的空间序列以南门为起点，玄帝庙为终点，沿线串起了主要的街巷空间（图3-51）。

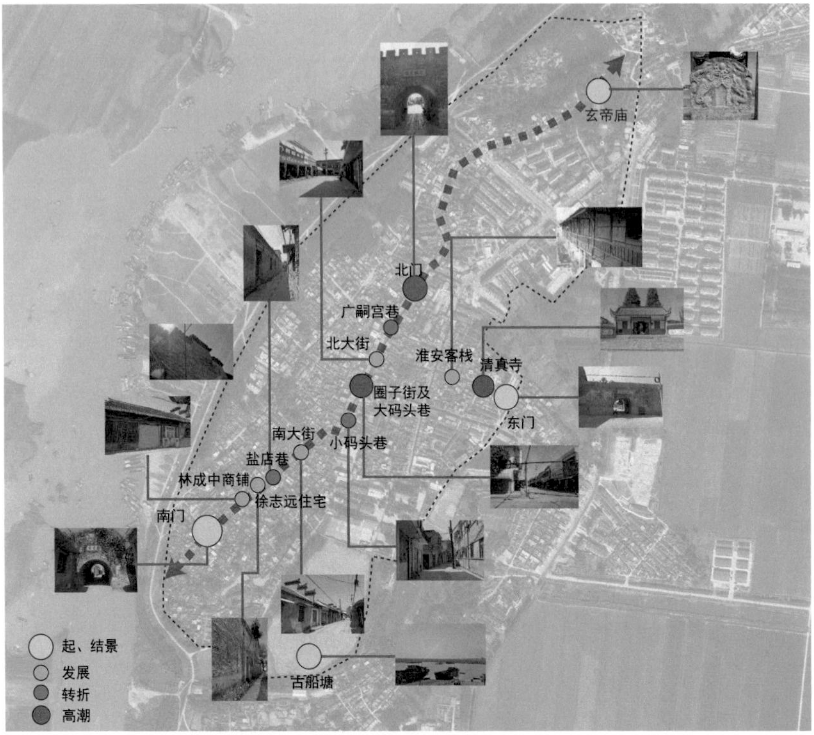

图 3-51　正阳关镇空间序列

4. 正阳关镇衰败的原因

首先，优越的地理位置造就了正阳关镇商业贸易的繁荣，然而随着近代交通方式的变革，铁路和公路运输逐渐成为主流，正阳关镇便开始由盛转衰。其次，清末太平天国运动及捻军起义均波及淮河流域，战争的频繁爆发导致沿线地区遭受损害，正阳关的商贸活动受此打击甚大。再次，新中国成立后，淮河流域爆发过三次洪灾，给正阳关镇带来了极大的损失。最后，国家为治理淮河水患，在淮河的支流上游修建水库等大型水利工程，导致淮河的一些支流变成季节性河流，从而中断了航运，正阳关镇的水运交通辐射范围随之逐渐减小，正阳关镇也由淮河流域的商业重镇降为地区性的商贸集镇。

（三）汉口镇——淮南盐集散中心

1. 汉口在淮盐运输线路上的作用

《四省行盐图》中对湖广地区的淮盐销售进行描述时提及“盐船自仪征出口，由长江入湖广界，抵汉口镇停集分销，各地口岸俱由汉口镇起”，由此可见汉口在淮盐湖广运输线路中的地位之重。而湖广两岸又是清代淮盐销售的主要口岸，可以说得湖广则淮盐生，失湖广则淮盐衰，因而汉口在整个淮盐经济中具有不可替代的重要作用。

清代，汉口每年集散的淮盐数量非常可观，雍正十年（1732年），由汉口转运两湖的淮盐达774137引，共2.6亿余斤；乾隆初高达90余万引，计3.3亿余斤[①]；咸丰元年（1851年），汉口运销淮盐更是达到4亿斤，如《李煦奏折》中所说“行盐口岸，大半在湖广”。故而汉口被视为国内“淮盐转输第一口岸”。乾隆《汉阳府志》称，汉口“盐务一事，已足甲于天下，十五省中，亦未有可与匹者”。如此重要的地位，使得汉口如一颗明珠，在淮盐运输线路上熠熠生辉，无法忽视。

2. 清代汉口概况

淮盐最初并未停靠汉口，到明中叶汉水改道后才逐渐停靠汉口，且起初盐码头位于陈公套，至乾隆年间，武圣门外名叫“塘角”的一处於地因滩浅且可避风，成为理想的港口。自此千艘盐船萃聚此处，使得原先荒凉之地逐步被盐商开发、占据。至清代嘉道年间，此处已形成了“市肆里遥，百货齐萃”[②]的盐商聚落。诚如祖籍徽州歙县的黄承吉《烟波词》所云：

> 通津十里住盐艘，怪底河中水不流。
> 解道人间估客乐，来朝相别下扬州。[③]

① 石莹：《清代前期汉口的商品市场》，《武汉大学学报（社会科学版）》，1989年第2期。

② 范锴著，江浦等校释：《汉口丛谈校释》，湖北人民出版社，1999年，第138页。

③ 范锴著，江浦等校释：《汉口丛谈校释》，湖北人民出版社，1999年，第295页。

此时汉口已成为长江中游淮盐的最大集散地，大批的淮盐商人、运丁聚集汉口，造就了汉口“千樯万舶之所归，货宝珍奇之所聚”[①]的盛况（图3-52）。此时的汉口“以盐行为大宗”，所以汉口商人称“盐行为百行之首”。

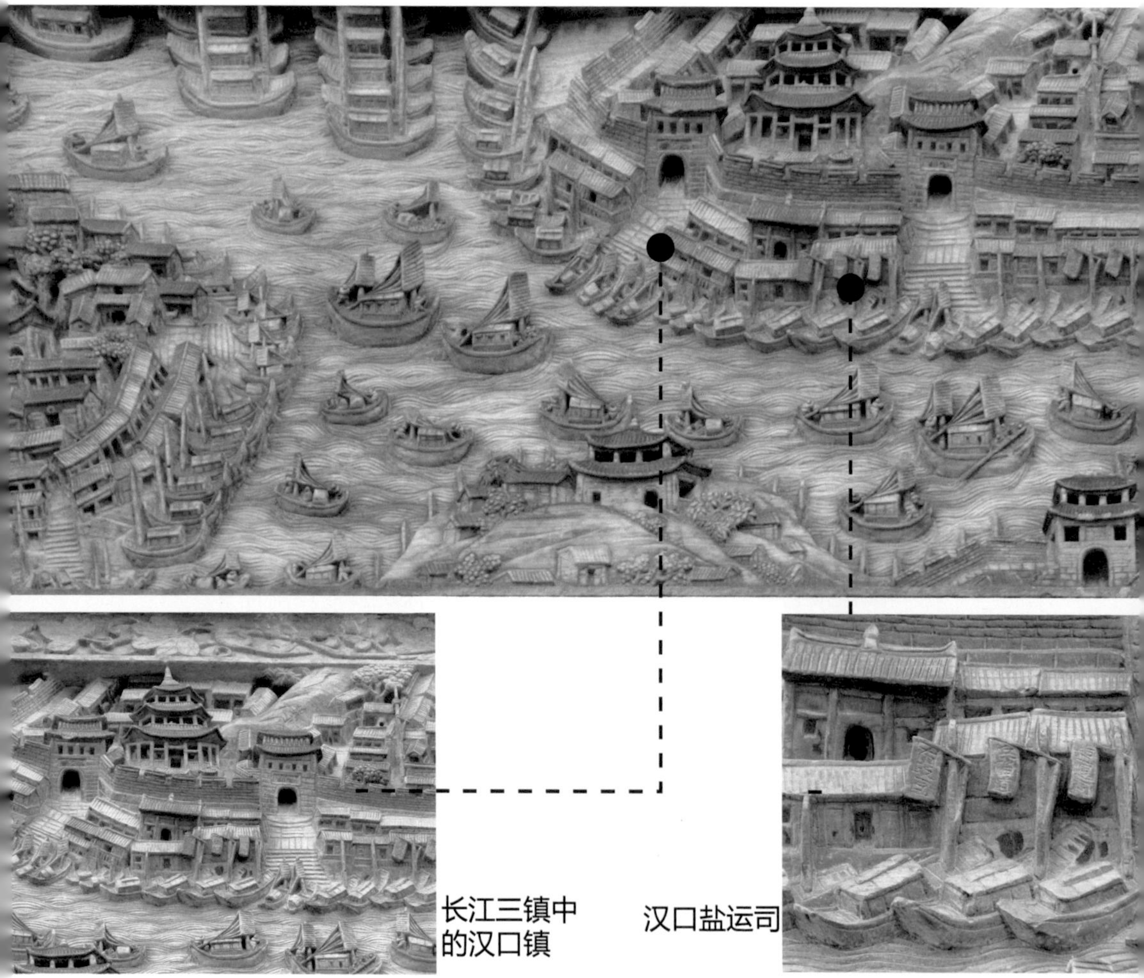

图3-52　湖南芷江天后宫门楼中所雕刻的汉口三镇图

① 范锴著，江浦等校释：《汉口丛谈校释》，湖北人民出版社，1999年，第138页。

淮盐转运到汉口以后，价格可提升至盐场价格的三四倍，若再由汉口转运他地，则价更贵。对此，叶调元在《汉口竹枝词》中表示：

> 上街盐店本钱饶，宅第重深巷一条。
> 盐价凭提盐课贱，万般生意让他骄。

那么，为什么汉口能够成为淮盐如此重要的集散地，并能发展壮大为全国四大名镇之一呢？这一切主要归功于汉口得天独厚的地理位置和水运交通优势。

汉口位于长江、汉水交汇处，兼具长江、汉水之利。而长江、汉水连接众多支流、湖泊，分别是我国东西方向和南北方向的重要运输通道，于是当汉水改道由汉口处入长江时，汉口便很快成为湖广地区淮盐的中转站（图 3-53）。

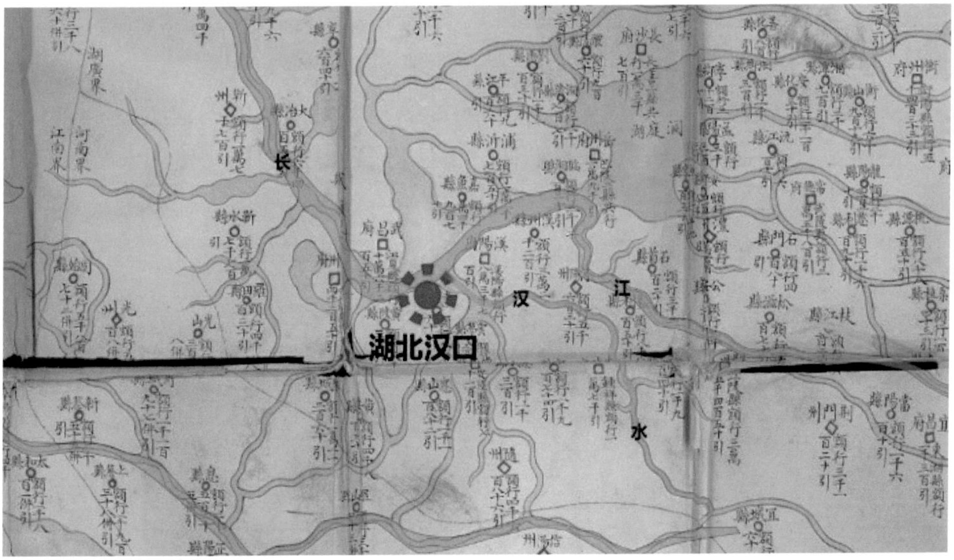

注：底图来自《四省行盐图》。

图 3-53 《四省行盐图》中汉口区位

3. 清代汉口的空间形态特征

汉口是淮盐运输线路上因运盐而兴的古镇，其空间形态主要以码头为中心，街巷则沿着各自的码头向纵深发展。如淮盐盐船停靠武圣庙码头，在码头的右侧便是盐运司、淮盐官仓所在，登上码头后，穿过巷道，正对淮盐督销总局。大批盐商、运丁聚居此处，他们在此经商、生活，故而逐渐形成了以淮盐为主的贸易中心——淮盐巷。因盐商多富有，淮盐巷成为当时汉口最好的里弄，但随着盐业经济的衰败和盐商的没落，淮盐巷也被历史的尘埃覆盖。如今的淮盐巷早已没有了昔日的繁华，走在狭窄的巷道中偶尔有一两位行人擦肩而过，但此处仍保留有清代诗人叶调元在竹枝词里唱的“宅第重深巷一条”的样貌。整条巷子两侧全是两层楼房，狭窄的通道被一个个过街楼分成明暗相间的数个小段。这些过街楼旧时全是木构雕花，后为了安全而改用结实的水泥（图3-54）。虽巷内建筑材料多有改动，但昔日盐商的审美趋向仍可由这里的建筑窥见一二。

古时，淮盐巷内狭窄的街道空间已不能满足富有盐商的需要，他们在汉口另寻他处盖起了别墅园林，如江苏大盐商包云舫修建的怡园，是当时的“汉上胜地”，但随着淮盐的衰落和淮盐商人逐步退出历史舞台，昔日的豪门大宅随着城市的建设已不复存在，今天的我们只能通过保留下来的淮盐巷想象其昔日的繁荣。

图3-54　汉口淮盐巷内过街楼

第四章

两淮盐运古道上的建筑

第一节

盐业官署

盐业官署主要是指那些由官府设置的管理盐务的机构。明初，立盐法，置局设官，令商人贩鬻，二十取一，以资军饷。官府在产盐地区设有盐课司，在运盐区设有转运司、巡检司、批验所、盐卡等。

两淮盐务最高管理机构为两淮都转运使司，驻地扬州。两淮都转运使司下辖泰州、淮安、通州三个分司。各盐场还设有盐课司。分司的主要职责是管理下属各盐场，包括督查各盐场大使、管理所属盐场灶户等，此外还管理一些与食盐运销有关的事务，如查验商人支盐的单帖、引目等。还有盐引批验所、巡检司等监掣机构。巡检司的职责是“专主验放商盐，兼诘私贩”，批验所的职责是对盐商的盐斤进行掣验，即以随机抽查的方式检验，防止其超过额定的盐引数行盐。

在两淮盐区，盐业官署建筑数量较多，此类建筑为官式建筑，与民居建筑有着明显的区别。

一、盐业官署的类型与选址

根据功能的不同，盐业官署可分为以监掣功能为主、以管理职能为主、以缉私和收税功能为主等三类。

（一）以监掣功能为主的盐业官署——紧邻水运河道

批验所、巡检司、盐课司这种需要掣验盐、存储盐的机构多位于紧邻水路且地势高于水位线的宽阔平整的地方，以方便盐船将食盐运送储存或掣验。例如，明代淮北巡检司位于安东县东南的淮河旁边，淮北盐运至淮北巡检司，都在支家河以北堆放，依先后定好顺序，在巡检司连名搭单。各盐商凑足一单后，巡检司开单报送运司和巡盐御史，巡盐御史委派人员至淮安河下镇批验所掣验。

盐课司的设立主要为“催办盐课之政令”，盐课司大使、副使负责巡视灶民生产活动、浚卤池、修灶舍等。盐场生产之盐需通过场内小运盐河运送至盐课司附近所设盐仓，故盐课司一般也紧邻运输河道。

（二）以管理功能为主的盐业官署——设于转运城镇

像淮安分司这种较高级别的盐业管理官署一般位于交通运输发达的转运城镇，方便运判往来督查盐场，其位置并不要求邻水。明朝和清早期，淮安分司驻淮安府安东县，彼时淮安分司下辖十个盐场，莞渎、板浦、临洪、徐渎四场在海州，兴庄场在赣榆县境，庙湾场在山阳县境，伍佑、新兴场均在盐城县境，白驹、刘庄场均在泰州境。

（三）以缉私收税功能为主的盐业官署——设于水路干支流交汇处

淮盐管理机构在主要运盐水系支流处均设有盐关，在较小水系支流交汇处设置的关卡只负责缉私并不收税，而在较大河流交汇处设置的关卡则缉私的同时也要收税。

二、盐业官署的特点

盐业官署由官方建造，属于官式建筑，其空间布局深受官式建筑规制的影响，多采用中轴对称、坐北朝南的基本布局方式（表4-1）。大部分盐业官署体量较大，根据级别的不同，分别采用单轴或多轴并联的平面形式。一般中轴线附近为办公空间，两侧布置附属用房。与盐商宅居不同，盐业官署建筑受盐商文化影响较小，其形态、结构、装饰等不如住宅灵活自由。

表 4–1 盐业官署平面布局示例

盐业官署名称	盐业官署平面图	布局说明
察院	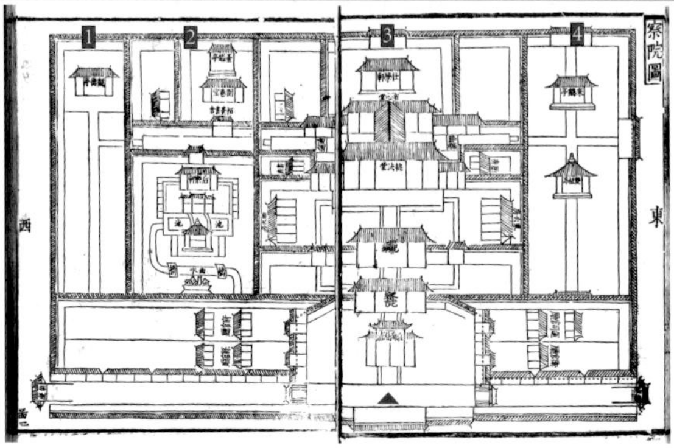	平面布局分 4 路，主轴 5 进，前设影壁，左右有牌坊。布局规整，十分庄重
运司公署	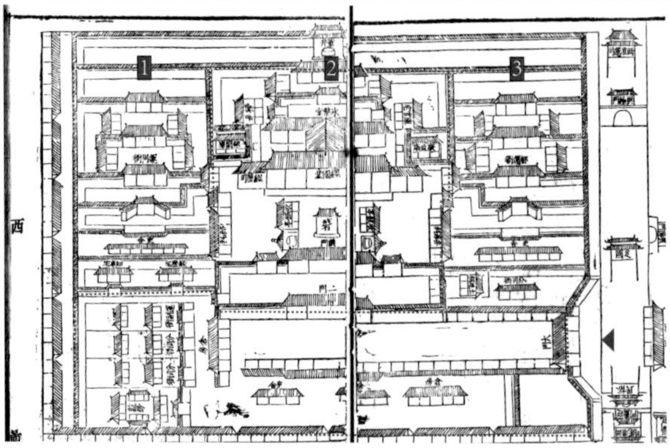	建筑坐北朝南，主入口在东南侧，平面布局共有 3 路，主轴 7 进。中路为办公区，左右进为官吏居住区
淮安分司公署	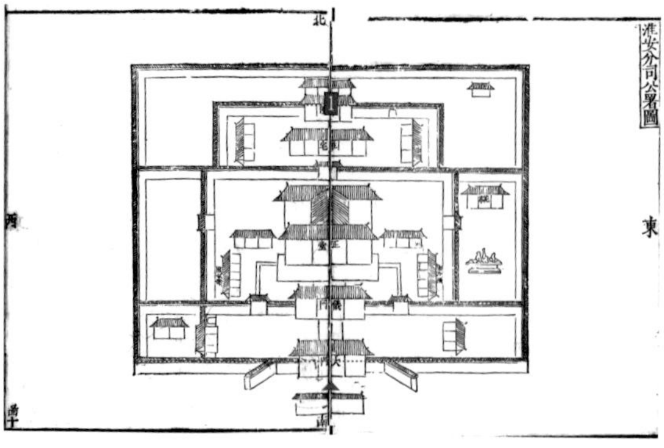	平面布局 1 路 6 进，入口前设影壁，中轴对称，建筑外有围墙环绕。前两进为办公区，后一进为住宅区

注：底图来自嘉靖《两淮盐法志》。

三、代表性盐业官署分析

（一）板浦盐课司

现板浦镇存有盐课司大使宅一座，即如今的李汝珍故居（图4-1）。李汝珍故居是一座两进院落的清代建筑，共有房屋12间，分起居室、书房、客厅和棋艺室（图4-2）。文学家李汝珍的兄长于乾隆年间赴今连云港板浦场盐课司任职，李汝珍随之居住于盐课司大使宅内，终老于此。

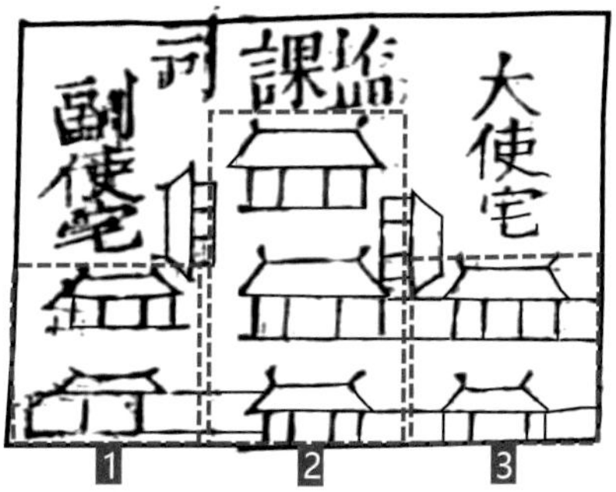

注：底图来自嘉靖《两淮盐法志》。

A.原平面图

B.今入口

C.今后院

图4-1　板浦盐课司大使宅

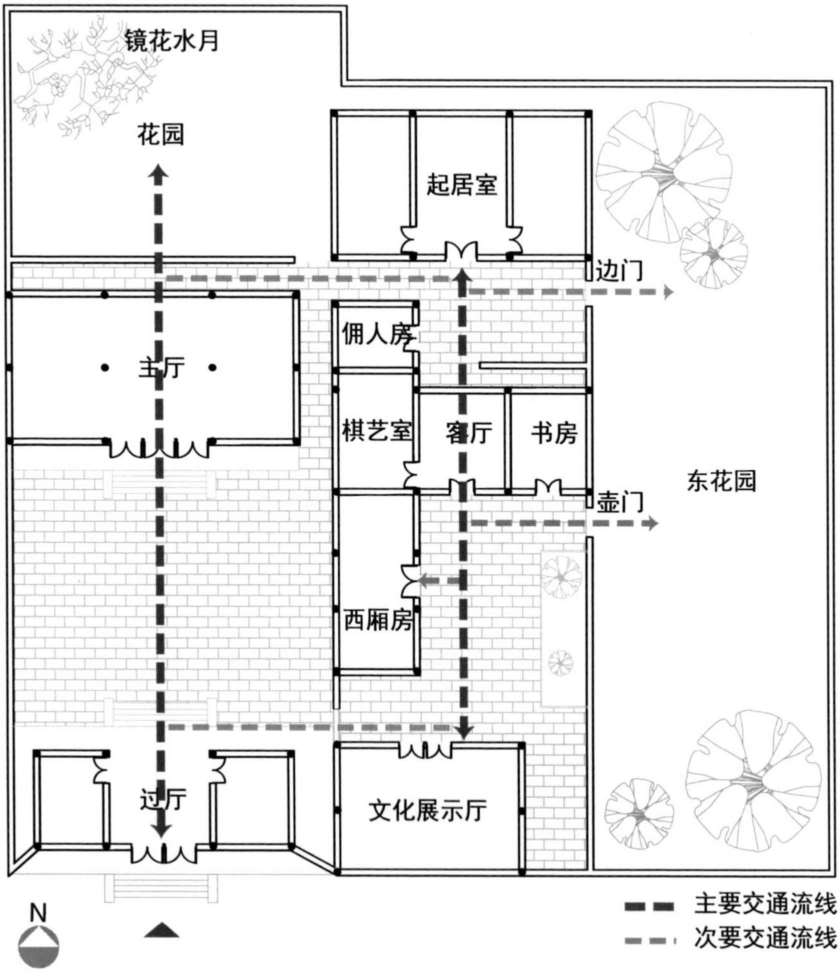

图 4-2　李汝珍故居平面功能区及交通流线

现李汝珍故居坐北朝南，平面布局为两进院落，其中北屋3间，面阔约10.2米，进深5檩，约5米，屋脊高约7米，抬梁式结构，屋脊升起明显，屋面铺阴阳合瓦顶。中屋分别为客厅、书房和棋室。

两进院落的西侧均设置厢房，第一进院落的厢房和中屋西梢棋室相通，中间仅用板壁分离。每进院落的西侧均有院门供出入。第一进院门中建有穿堂，位于西厢之南。门外两侧设有圆形抱鼓石一双，上錾狮子滚绣球、云鹤等纹饰。第二进的院门穿堂位于厢房之北，门外置长方形抱鼓石一对，上雕“寿”字和如意云头纹饰。两进院落东向用墙垣同东花园分隔，墙上置花窗。东墙处均设月门与东花园相连，花园内花木葱茏，景色宜人，两天井中均用青砖墁地，分别栽植石榴、木香和迎春花等，园中春意盎然。

（二）沫河口清代盐卡

沫河口清代盐卡位于今蚌埠市沫河口集，是淮河下游的一处水路交通咽喉（图4-3）。清代盐税是国家主要财政收入来源，淮河是盐商运输的重要通道，一些盐商为了逃避繁重的课税，在快到涡

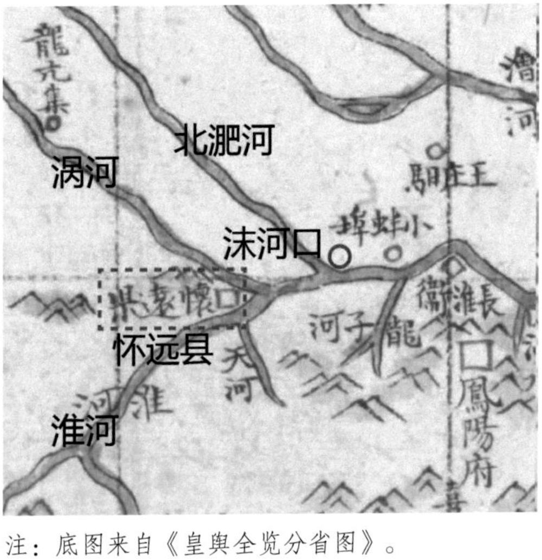

注：底图来自《皇舆全览分省图》。

A.平面地形图

B. 鸟瞰图

图 4-3　沭河口清代盐卡区位

河入淮口前的沭河入淮口处，即从沭河绕道而行，从而逃避盐税。为了解决绕卡漏税的问题，沭河口关卡从只收一般货物课税的关卡改为盐卡。

清政府在淮河流域水路要冲正阳关、泗州、五河、临淮关、怀远五处设有盐关，如今沿淮各处仅有沭河口关卡旧址尚存，加上保存下来的碑文记载，显得更加弥足珍贵。

沭河口盐卡建于清光绪年间，现存房屋五间，重梁精柱结构，建筑建于土台上，墙是毛石垒砌，墙体四角用青石砌筑，墙下基础也是毛石砌筑（图 4-4）。屋面为单檐硬山，屋顶铺以板瓦。屋内

A. 山墙

B. 立面

图 4-4　沭河口盐卡山墙与立面

西山墙镶砌石碑一方，碑文记载了设置关卡始末及关役盘查过往船只的情况。

（三）汉口督销淮盐总局

汉口督销淮盐总局位于淮盐巷与汉正街之间。沿着窄窄的巷道往南前行，映入眼帘的便是清代淮盐的征税机构汉口督销淮盐总局（图4-5）。与其他盐业官署建筑不同的是，汉口督销淮盐总局建设时，西方建筑风格已在武汉盛行，故而汉口督销淮盐总局的建筑风格与两淮盐区其他盐业官署建筑存在很大的差异。尽管如此，官式建筑的对称式布局仍在此处有所体现。如今建筑虽破损严重，但仍可看出其立面采用了对称的设计（图4-6）。古时督销淮盐总局朝向北侧的淮盐巷开设主入口，这是由于当时淮盐巷是淮盐商人的聚集地，设置于此可便于与淮盐巷联系。后来由于淮盐经济的衰退，淮盐巷内早已不见各大盐商的身影，督销淮盐总局也被挪作他用，几经易手，所幸能够留存至今。

图4-5　汉口督销淮盐总局现状

图4-6　汉口督销淮盐总局立面的对称设计

第二节

盐商宅居

一、盐商宅居的类型与选址

（一）盐商宅居的类型

淮盐商进一步可分为场商、运商、岸商。场商在两淮又称为垣商，是生产领域的盐商，他们向灶民买盐并将其转卖给运商，其间的差价便是其利润。明清时期，徽商借水运便捷优势早早占领盐场，故场商多由徽商组成，他们定居在场镇聚落，其建筑风格带有徽派建筑特色。

运商是流通领域的盐商，他们认引贩盐，贩往指定的引岸销售，多由徽商及山陕富商组成。运商分为两类，一类盐业资本非常雄厚，一般寓居淮安、扬州两地，主要转卖盐引，或将生意交由亲族好友打理，他们名为盐商，但并不行盐；还有一类运商定居在各州县引地等处，在当地贩卖食盐。

岸商是引岸底层贩卖食盐的小商，他们一般居住在村镇，多为本地商人，岸商中还包括了部分私盐盐商。

盐商宅居的体量规模、装饰程度、功能布局、选址等与盐商的经营规模、资本力量有直接关系（图 4-7）。以宅居体量和功能为例，场商资本力量较弱，故其住宅规模相对较小，宅居功能也以居住为主；运商中的大型盐商资本较为雄厚，宅居规模较大，一般还带有议事办公的功能等，而小型运商的宅居则往往为店宅一体的形式；岸商也多为规模体量较小的宅居。

据以上分析，两淮盐区盐运古道沿线的盐商宅居可分为三类：第一类为小型盐商宅居，以居住功能为主；第二类为大型盐商宅

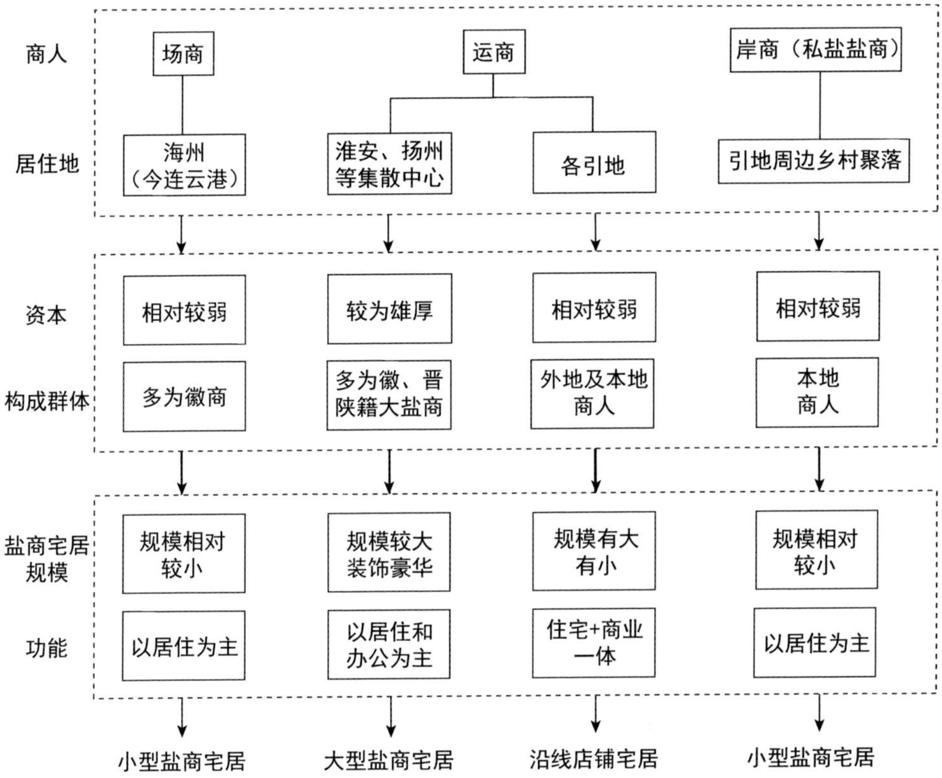

图 4-7　两淮盐区盐商宅居分类

居，以居住和办公功能为主；第三类为店铺宅居，以商业和居住功能为主。

（二）盐商宅居的选址

盐商的资金实力一般较普通商人更为雄厚，他们更有实力去选择优越的宅居地址。有的盐商选择靠近水运码头置宅，方便货物的运输；也有盐商因需要与盐政部门打交道，选择靠近盐政部门居住；还有的盐商定居在较为繁华的商业集镇中心，便于贩卖食盐。

1. 靠近水运码头

盐商的宅居常位于水运交通发达的河道码头旁，比如定居扬州的盐商在宅居选址时多选择运河边的南河下处，这是因为运河边码头众多，方便盐运货物的运输，南河下曾聚居过大批盐商，如著名的“以布衣上交天子”的江春以及汪鲁门、廖可亭等（图 4-8：A）；再比如定居淮安河下古镇的盐商多将宅址选择在湖嘴大街，这是因为湖嘴大街垂直于里运河延伸，且在运河的对岸有盐粮厅主事衙门，选择湖嘴大街既方便盐船运输，也靠近盐政衙门，便于公干（图 4-8：B）。

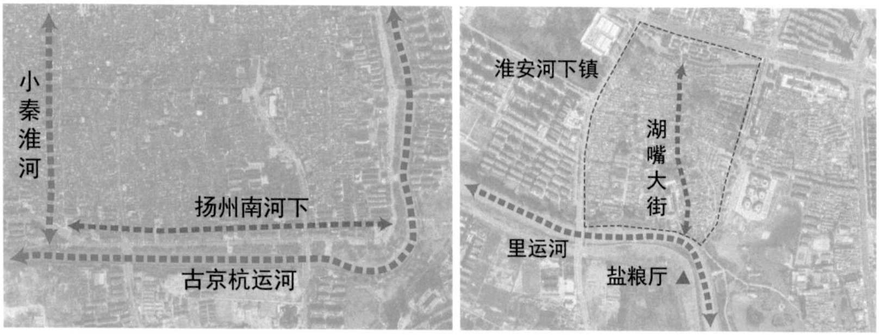

A. 扬州南河下　　B. 淮安河下

图 4-8　盐商宅居选址示例

2. 靠近衙署

淮盐经济的特殊性使得清代经营淮盐的商人除具有普通商人身份外，还多了一重官商的身份。且由前文对徽商与两淮盐业的分析可知，清中后期，盐商与官员关系密切，盐商甚至越过官府，直接把控着整个淮盐经济。故为便于处理各类事务，靠近衙署成为盐商宅居选址所要考虑的因素之一。

3. 位于商业集镇中心

有些商人宅居可能兼有贩卖食盐的功能需求，甚至以商业功能为主，故在选址时往往会选择在商业集镇中心的主要商业街上；还有些商人宅居位于商业集镇中心的僻静巷道中，这些住宅则为商人居住所用。比如三河古镇的刘同兴隆庄，为三河商会会长刘锦堂的宅第，位于三河古镇古西街上，具有徽派建筑特色。

二、盐商宅居的形态特征

（一）盐商宅居的平面布局

1. 小型盐商宅居

此类盐商宅居规模体量较小，以单进院落为中心组织居住功能，院落同时承担多种功能，包括晾晒、储存、活动等，还起到通风采光的作用。其平面组合较简单，大门有的位于中轴线上，也有的偏于东南一隅，布局形式为“居住区 + 院落”。此类住宅的主人多为小型盐商，他们遍布在盐产地、运盐区的乡镇聚落。相对淮安及扬州的盐商，小型盐商资本力量较弱，故其住宅体量较小。例如，板浦镇汪家大院的建筑布局如下：正房面阔三间，坐北朝南，左右次间为卧室及储物间，正对着正房的为倒座，东西两侧为厢房，围绕着方形院落布局，房屋均为单层建筑，院落入口位于轴线东侧，对面布置影壁。蒙城张乐行故居平面布置与汪家大院相似，以院落组织平面功能，不同的是张乐行故居入口正对正房（图 4-9）。

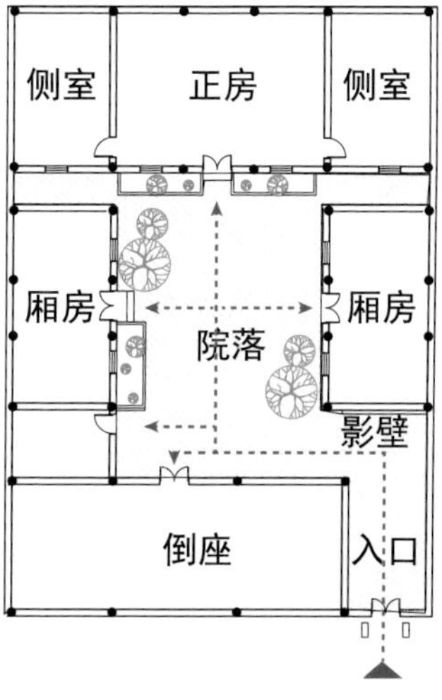

A. 板浦镇汪家大院平面

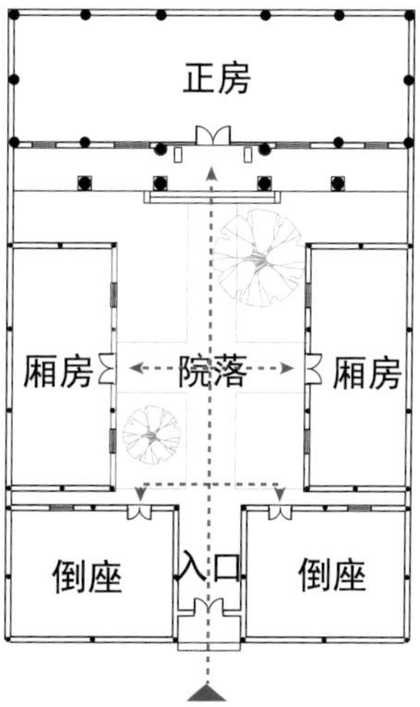

B. 蒙城张乐行故居平面

图 4-9　两淮盐区小型盐商宅居平面示例

2. 大型盐商宅居

此类盐商较为富有，多定居在淮安及扬州。大型盐商宅居的共同特性是以居住和办公功能为主，较之小型盐商，大型盐商盐务更为繁多，其经营管理的业务范围更广，因此在宅居中多设有议事办公的厅堂。这类宅居体量较大，由多进院落组成或多路并联组成，院落空间串联后组织不同的平面功能，建筑前后连通，体现家族结构，强调伦理关系，布局形式为“议事办公+居住+花园”。以木构架承重、以砖墙在外围护的结构体系决定了院落的平面方正，便于院落空间的营造、分隔。而中轴对称则是两淮盐运古道沿线民居的普遍特征，不同院落空间又有许多个性的平面。

如位于扬州南河下的汪氏小苑，建筑布局为前堂后寝，其后再布置花园、书房等（图 4-10）。平面横向可分为东、中、西三路，

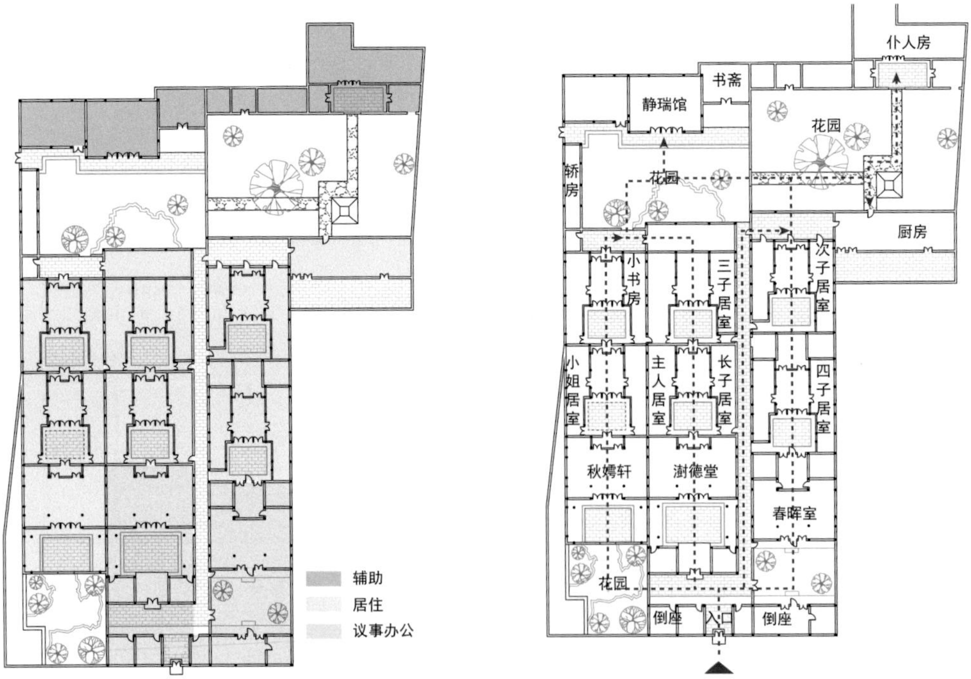

A. 功能分区图　　　　B. 平面图

图 4-10　扬州汪氏小苑功能分区及平面图

宅居入口设在中路的前端，是一排倒座形式的门厅建筑；沿着中轴线向前便是二门、前堂、后室四进建筑；正对着二门的“澍德堂”为接待宾客使用的办公空间，堂后为用以居住的内宅；宅北布置后花园、厨房等，等级秩序分明。

再如曾有“盐商第一楼”之誉的扬州卢氏盐商住宅。该宅前后共九进，被花园分为前后两个部分（图 4-11）。第一进是一排七间的两层建筑，入门向左为倒座，入门厅后为照厅，照厅内设有福祠。正对着照厅的为正厅，在举行庆典时使用。照厅后的花厅、二厅均为接待客人办公使用。二厅以后砌以隔墙，后部分为内宅，在隔墙后的第一进建筑设有三间女厅，两侧用作女眷的客房，严格遵守着“男女有别”的礼仪制度；第六、第七进为主人居住之处；第八、第九进为亲友居住的地方；第九进之后布置了一区花园，内凿池沼，建有亭台、游廊、旱船，点缀着湖石、花木，花园后侧建有书斋及藏书楼二进，自成一区。

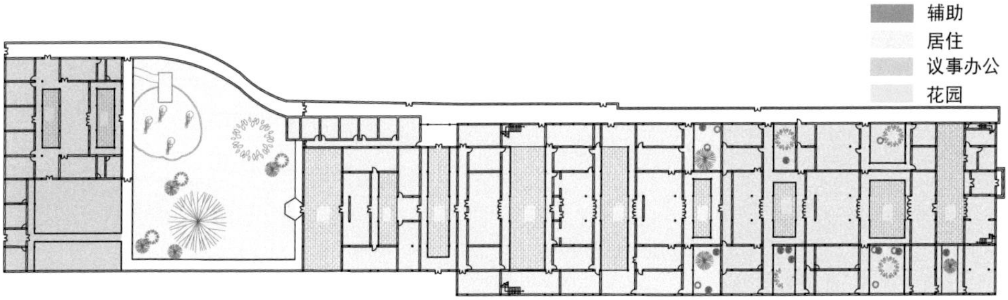

A. 功能分区图

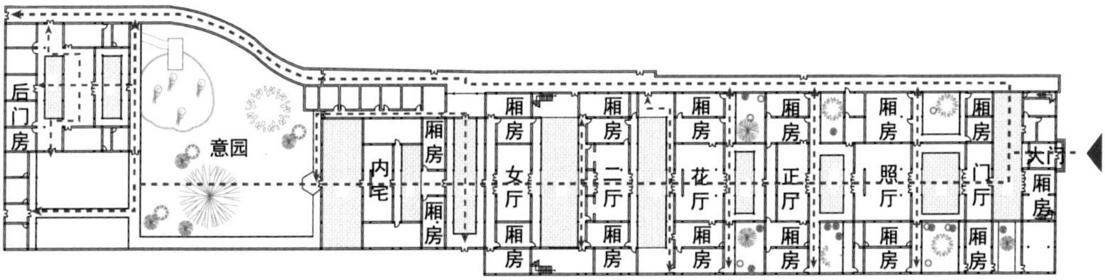

B. 平面图

图 4-11 扬州卢氏盐商住宅功能分区及平面图

3. 店铺宅居

盐店大多位于主要商业街道上，店铺宅居即垂直于街道布置，一般面宽较小，进深较大。其平面根据环境灵活组合，大体为轴线对称布置，细部布局则丰富多彩，为盐商后人于不同时期加建。店铺宅居又可分为前店后宅式、下店上宅式两种。

（1）前店后宅式。宅居不拘泥南北朝向，更多是与道路街巷相垂直布局，便于形成商铺或门面入口。其平面整体布局大多规整平直，有着明确的轴线控制。主要街道上的盐商宅居一般沿街面作为商铺使用，每户沿垂直于街道方向拓展院落和空间，形成前店后宅式的居住形式，有些大户有多进院落。这种模式较为普遍，案例有正阳关镇徐志远民居、白雀园镇 114 号民居，前者为一进院落式布局，后者为多进院落式布局（图 4-12）。

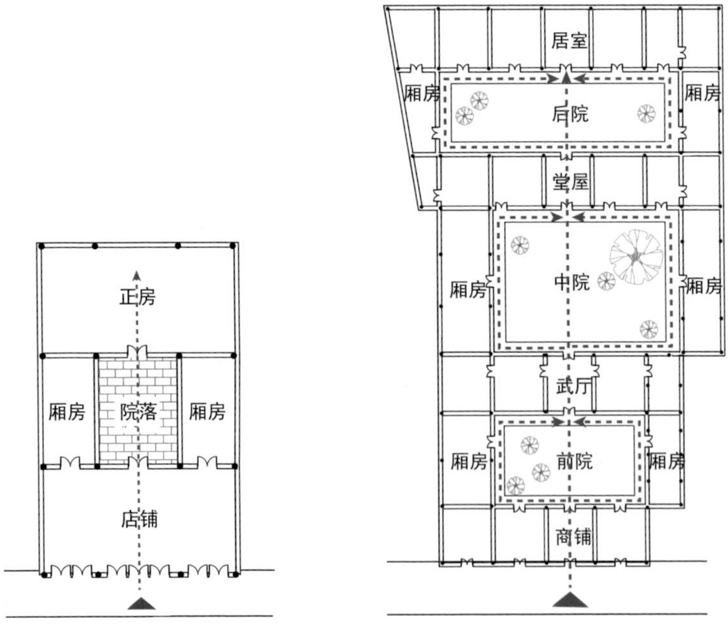

A. 正阳关镇徐志远民居平面图　　B. 白雀园镇 114 号民居平面图

图 4-12　前店后宅式店铺宅居平面示例

（2）下店上宅式。有些盐商在经营盐业的同时还会经营米、布匹等副业，这时仅入口门面的空间就不能充分满足商业需求，由此会形成下店上宅的模式。一层商业、二层居住这种模式在两淮盐运古道沿线地区较为少见，这种宅居的入口也是面对街道开设。宅居主人的富有程度不同，其宅居规模也大小不一，但多为多进式布局，具有大型商业民居的典型特征，下层布置盐店、米店、瓷器店等，以商业功能为主，居住功能为辅。以三河古镇刘同兴隆庄为例，其下层为商业区，上层为居住区（图 4-13）。这类商住一体的盐商宅居往往还会带有仓库这一附属建筑，仓库大小与宅居主人所经营的盐业规模大小相关，大多是占据房屋倒座、厢房中某一间实现仓储功能。

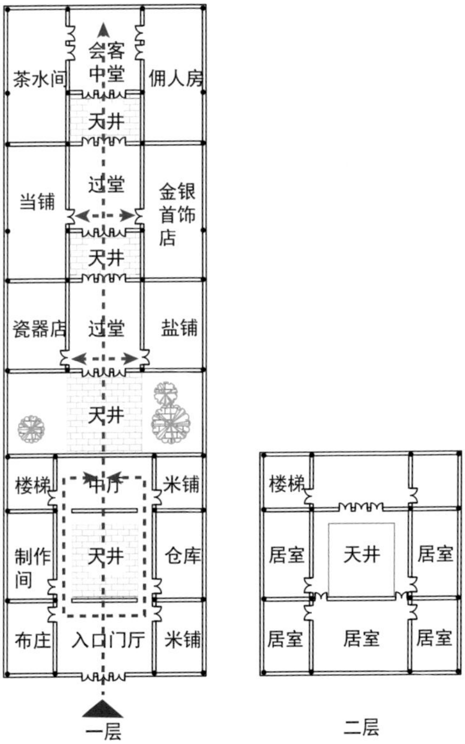

图 4-13　三河古镇刘同兴隆庄平面图

（二）盐商宅居的空间组织

1. 院　落

相比于普通民居，盐商宅居一般规模较大，整体建筑空间是较为规整的多进院落组合式布局。院落是其基本组合单元，不同地区盐商宅居的院落空间形态和结构也不尽相同。从形态上来看，两淮盐区的盐商宅居院落既有北方的合院形式，又有南方的天井形式。

北方合院式：在淮河以北地区，冬天较为寒冷，盐商宅居的院落多采用北方合院式，宽广的室外空间可为建筑提供充足的日照，以抵御冬天的寒冷，满足日常生活所需。即使是徽州的盐商来到此处建造宅居，也会选择合院的空间形式，故北方合院是淮北盐商宅居中较为常见的一种建筑空间，一般较为宽敞，有引导功能、休闲景观功能与生活起居功能等。如蒙城张乐行故居共有前后两个院落，前院具有引导功能，后院集生活起居、休闲景观功能为一体，共同组成了丰富的院落空间（图 4-14）。

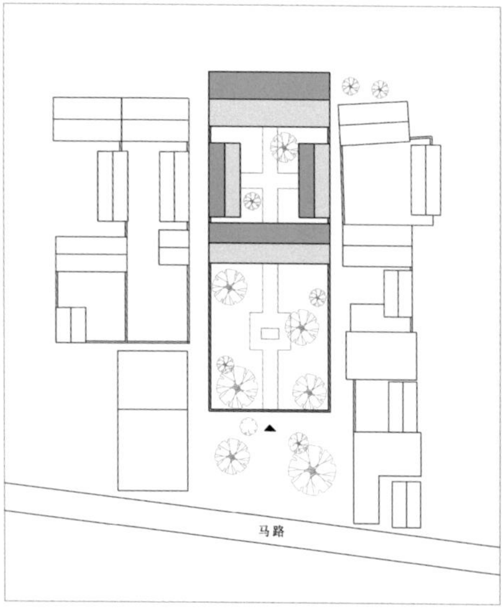

A. 平面图

B. 俯视图

图 4-14　蒙城张乐行故居平面图与俯视图

南方天井式：徽商讲究“肥水不流外人田”，天井作为建筑的核心空间，连接了各个功能房间。在淮北盐引地，天井多出现在淮河以南、靠近长江流域的宅院中。这是因为淮河以南的江淮地区夏季炎热，而狭长的天井可以营造出较为凉爽的室外灰空间。宅内的天井还丰富了宅居中的室外活动空间，提供了生活起居场所，也缓解了多进建筑的局促感。如扬州的汪氏小苑为徽商在扬州建造，其建筑即由多进天井院落相连接（图 4-15）。

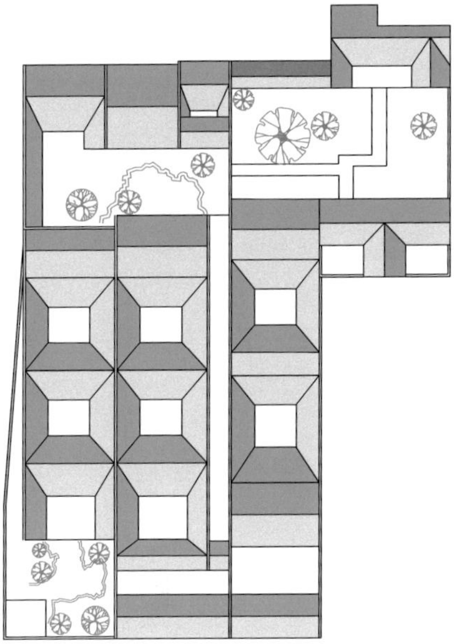

图 4-15　扬州汪氏小苑屋顶平面图

2. 园　林

于住宅内布置园林，在一些大型盐商宅居中较为常见，以徽州盐商宅居为甚，一般为宅园一体，有的园林布置在宅院后侧，有的则布置在旁侧（图 4-16）。这些住宅园林通常注重意境的营造，大都筑有园墙，并将园墙隐于峰峦、岩壁或建筑物之后，园中央常常是开阔的水池，山石叠于池边，采用曲桥、假山、岩洞等纵横相连的交通来拓展空间。

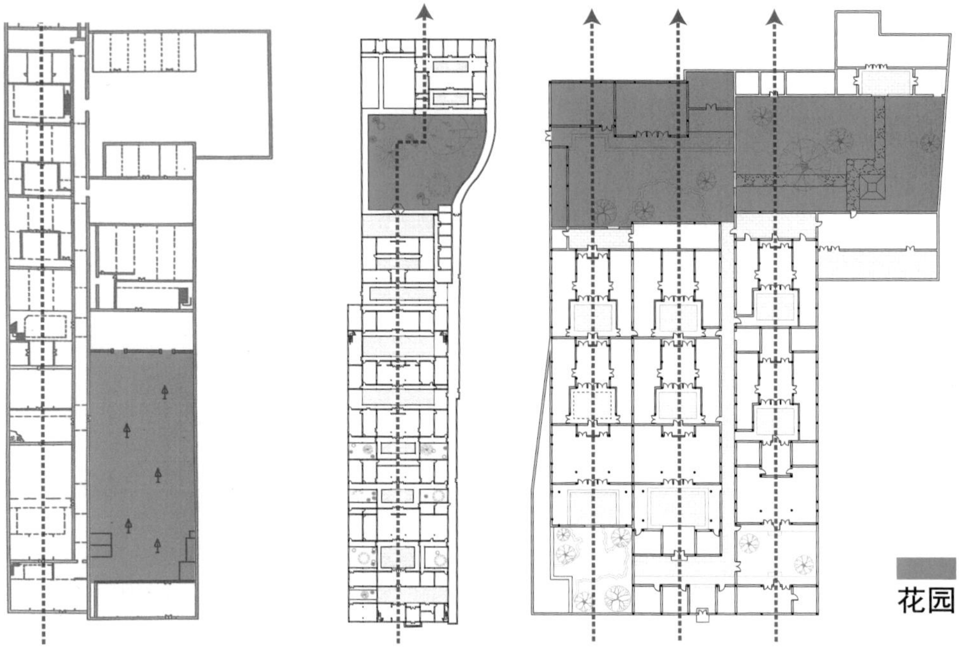

A. 在轴线旁侧布置　　　　B. 沿轴线末端布置

图 4-16　两淮盐区盐商宅居园林布置示例

3. 防御空间

盐商因财富的累积而产生更高的安全需求，故其在建造房屋时很重视防御功能，具体体现为少开窗、筑高墙、建炮楼或设计为水圩民居等(表4-2)。防御形式因不同地域盐商的喜好不同而多种多样，如徽州盐商在外地营造自己的宅居时，很少对外开窗，正阳关镇的盐商宅居以及扬州的汪氏盐商住宅即具有此特点，此类风格的建筑主要目的是对外防御以及维护家庭内部活动的私密性，另外，在地狭人稠、商业繁荣的运盐古镇中，封闭的山墙也有利于与相邻建筑的组合。与徽州盐商有所不同，山东商人采用修建炮楼的防御形式，而皖西的本地商人则因地就势采用水圩、炮楼、围墙三重防御形式。

<table>
<tr><th colspan="3">表 4–2　两淮盐区盐商宅居防御空间示例</th></tr>
<tr><td rowspan="2">封闭的外墙</td><td></td><td></td></tr>
<tr><td>正阳关盐商宅居</td><td>扬州卢氏盐商宅居</td></tr>
<tr><td rowspan="2">炮楼</td><td></td><td></td></tr>
<tr><td colspan="2">皂河古镇陈家大院</td></tr>
<tr><td rowspan="2">水圩</td><td>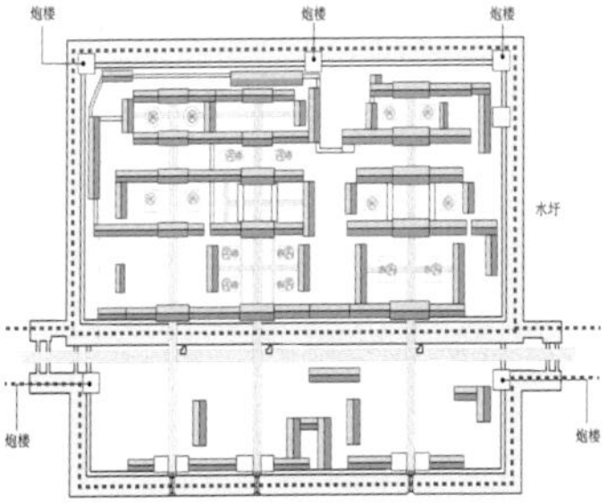</td><td></td></tr>
<tr><td colspan="2">霍邱李氏庄园</td></tr>
</table>

三、代表性盐商宅居分析

（一）皂河古镇陈家大院

皂河古镇陈家大院建于清嘉庆年间，原是当地的地主马老爷所有，当地人称作马老爷庄园。山东武城县陈姓盐商来到此处经营盐业生意后将其买下，改扩建为自己在皂河的宅居，以便往来运盐，陈家大院因此得名。陈氏盐商在皂河经营盐业时对当地百姓乐善好施，其销售的盐价格低廉，至今老百姓还口口相传其故事。另外，在皂河古镇的北侧还有一处私盐庄，据说当地的私盐贩子利用运河往来的回空粮船偷运食盐存放至此。

陈家大院背靠运河，垂直于街道布局，共两路三进，因北方寒冷，院落为北方合院式，居室等主要空间尽量坐北朝南布置（图 4–17）。总占地面积约 3000 平方米，共有房屋 80 余间。院内配套相当齐全，有卧室、饭堂、书院、账房、祠堂、佛堂、粮仓、盐仓等，主要居住空间在靠近入口的北侧轴线上，一些辅助用房位于南侧轴线上，不同房屋位置有别、功能不一（图 4–18）。因盐商较为富有，故修建住宅时讲究防御性，在住宅前后修建炮楼两座，每栋三层高。

陈家大院采用重梁起架结构，即在抬梁屋架的上方放置两个斜向的叉手，形成三角形屋架的结构样式（图 4–19）。与抬梁式不同，其檩条是搭接在叉手上，并且檩条的数量不用与柱子相对应。陈家大院的多个房间均采用两重梁起架，然后在其上架叉手。具体做法为：在上下梁的两端架置叉手，下梁上立有两根童柱，其上再搁置上梁。在叉手与檩条之间有垫木，以防止檩条下滑。这种结构进深较小，多用于等级较低的房屋，但陈家大院的主体也使用此种结构，这是因为苏北地区过去黄河多泛滥，自然灾害较多，当地没有很多的粗大木材用以建造房屋。

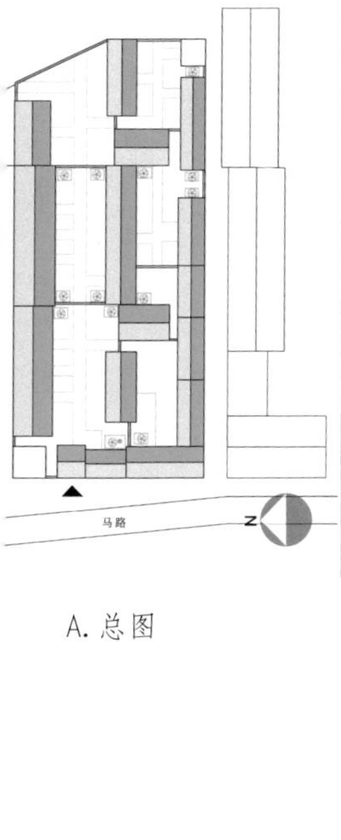

A. 总图

B. 鸟瞰图

C. 内部院落

图 4-17 皂河古镇陈家大院

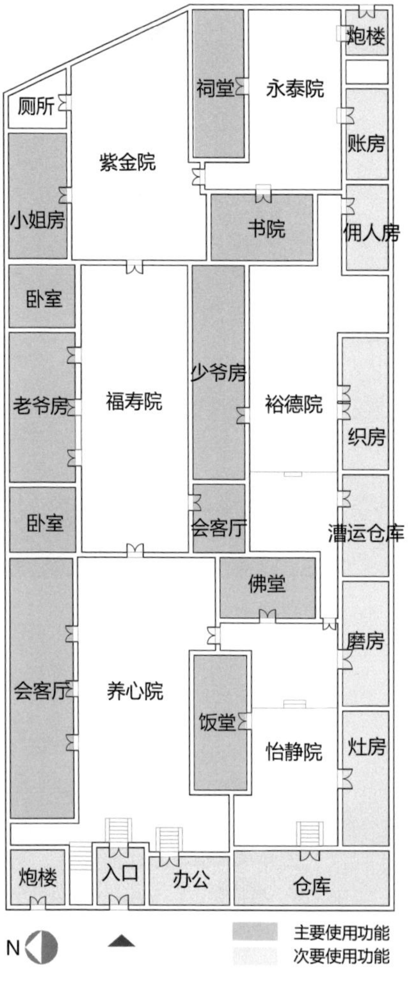

A. 功能示意图

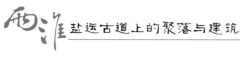

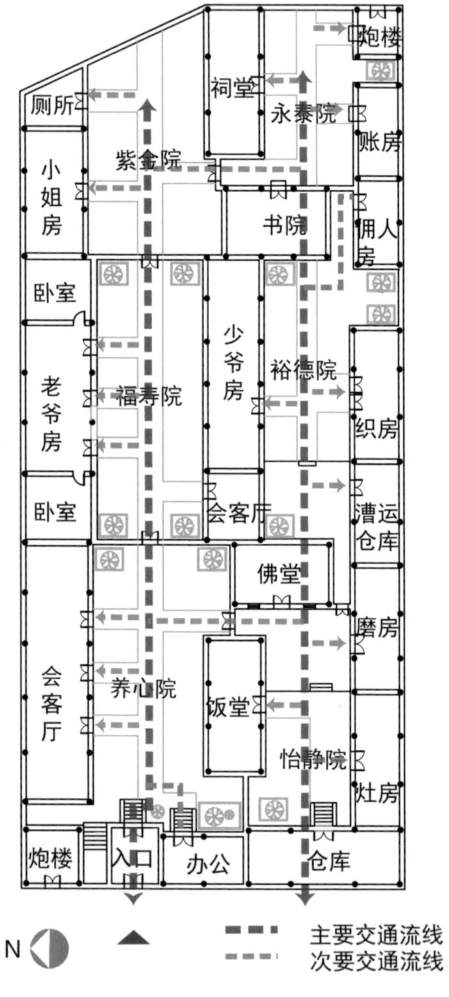

B. 流线示意图

图 4-18　皂河古镇陈家大院平面图

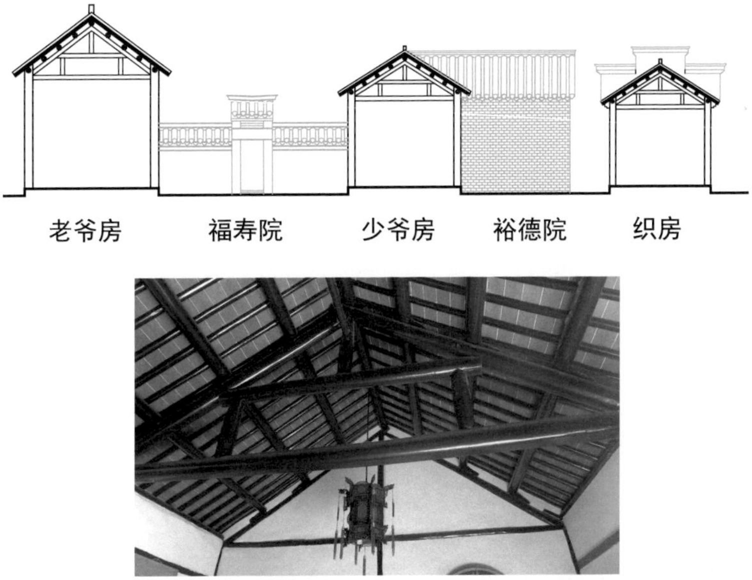

图 4-19　皂河古镇陈家大院剖面与内部结构

（二）三河古镇刘同兴隆庄

刘同兴隆庄位于合肥三河古镇古西街，“同兴隆”是这个庄子的商号。庄内有“刘记布庄”“兴隆盐栈”“刘记米铺”“瓷器店”“刘记当铺”“银器店”等字号。刘同兴隆庄为徽派建筑，是三河古镇古建筑的典型代表。虽为徽派建筑，但是刘同兴隆庄没有皖南建筑的精美，在外观及建筑构件上呈现出粗放和厚重的皖北建筑风格。

刘同兴隆庄面积达 700 平方米，有五进八厢三十二间，临街是两层建筑，第二进为走马转心楼，第三进起为一层建筑，第三、四进为敞厅，第五进为佣人房间及茶水间，两进房子之间有天井。其平面方整、对称，流线简单，居住空间与商业空间上下分离。

入口设置为厅，面积不大但很好地解决了入口缓冲问题，门厅两侧为布庄及米铺（图 4-20）。穿过门厅隔扇便为天井及中厅空间，与徽州传统民居较为相似，厅堂为开敞性空间。在功能上，天井空间是厅堂空间的过渡，为建筑提供了充足的阳光与空气，同时在天

A. 鸟瞰图

B. 入口

C. 天井

图 4-20　刘同兴隆庄实拍图

井两侧分布着制作空间与仓库。第三、四进院落的过堂与过堂之间有天井，过堂两侧分布着盐铺、瓷器店、当铺及金银首饰店。最后一进厅堂为办公空间，供接待客人使用。建筑布局时将商业空间与居住空间分离，居住空间位于二层，在第二进中庭左侧布置楼梯，与二层相通。与传统村落民居坐北朝南不同，刘同兴隆庄垂直于三河古镇古西街布局，坐东朝西，这也是盐商宅居的普遍特征之一（图4-21）。

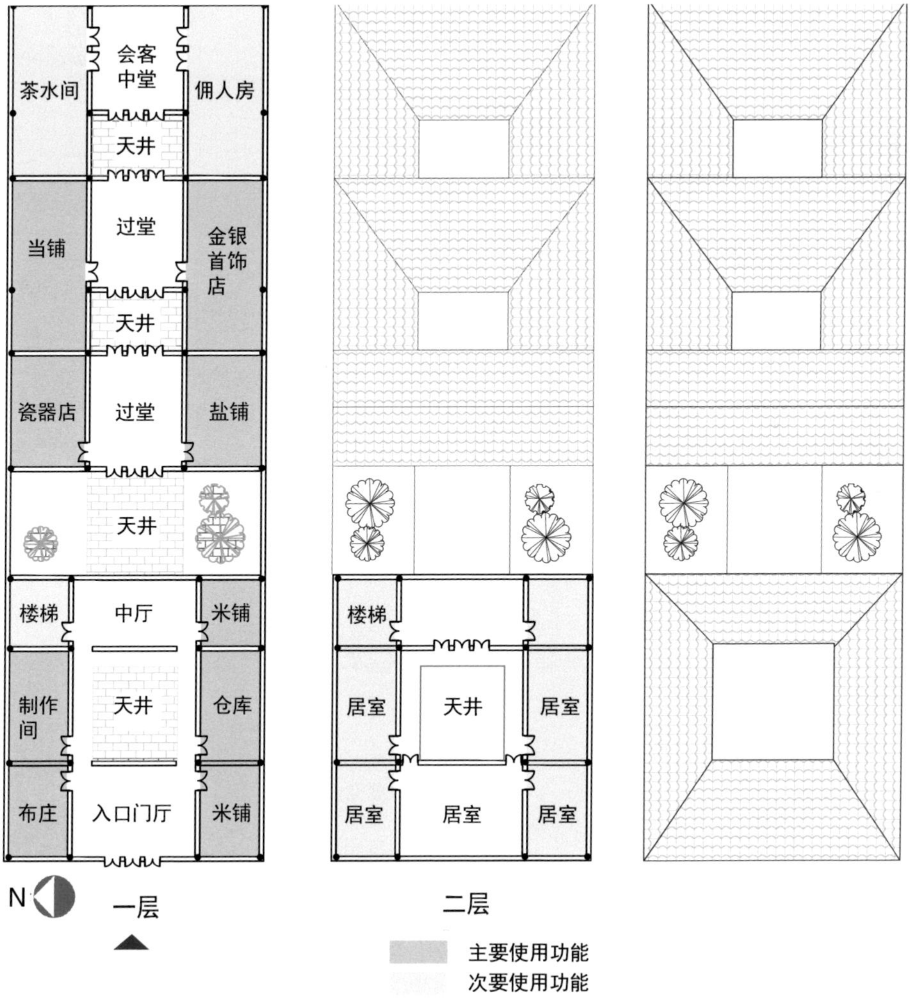

A. 功能示意图

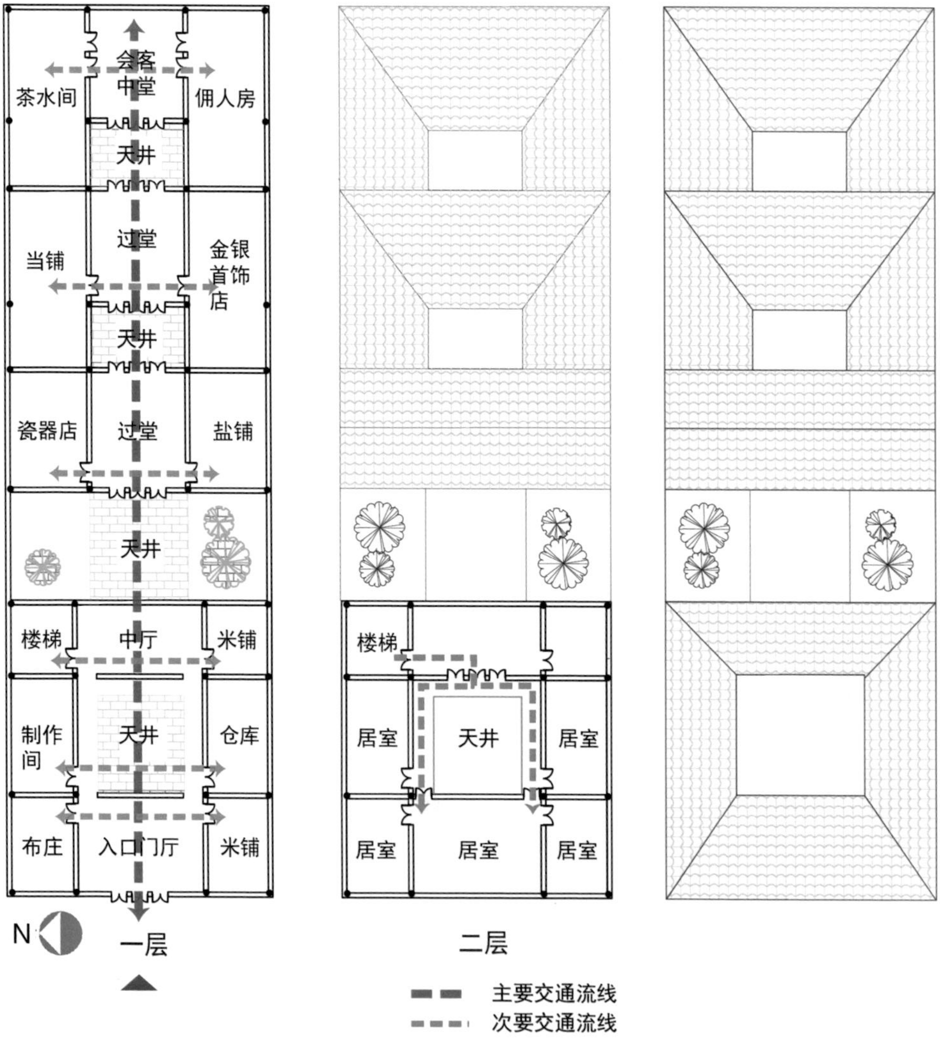

B. 流线示意图

图 4-21　刘同兴隆庄平面图

与其他徽派建筑一样，刘同兴隆庄采用天井式的院落空间布局，寓意着肥水不流外人田（图 4-22）。第一进与第二进为两层木结构建筑，天井具有抽风换气、采光的作用。山墙采用高高的马头墙造型，还砌有很高的小窗户，体现出较强的防御性。

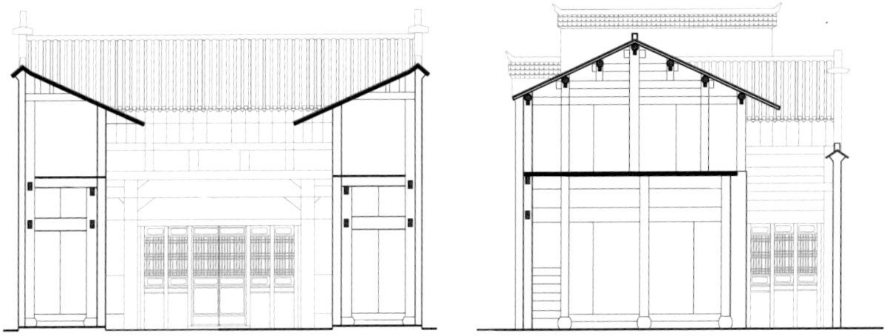

图 4-22 刘同兴隆庄天井剖面图

（三）扬州汪氏盐商住宅

该盐商宅居原主人汪咏沂为安徽歙县人，清晚期曾先后担任山阳（今淮安）县令、海州（今连云港）知州，后弃官从商，在淮北开建产盐圩堤，创办盐业公司，在盐商中获得了崇高威望，被推举为商总。光绪年间他在扬州的南河下建造了住宅。两淮盐业的管理中心在扬州，最富有的两淮盐商也聚居在扬州。

汪氏盐商住宅原包括西宅和东园，宅园之间以火巷分隔，现东园已毁。西宅共有九进院落，又称“世德堂”，自南向北各进地面逐渐增高，寓意“步步高升”（图 4-23）。南部是一座磨砖大门，门内天井北部有三间楠木大厅，用料考究，雕工精细，为扬州目前保存最完整、面积最大的楠木厅，楠木厅的架构与月梁呈现出典型的徽派建筑风格。厅后腰门内有多进楼厅，都是两层高，各进院落之间以走廊连接成“串楼”。该住宅绵延百余米，布局规整、体量宏大，是淮北盐商住宅的重要遗存（图 4-24）。

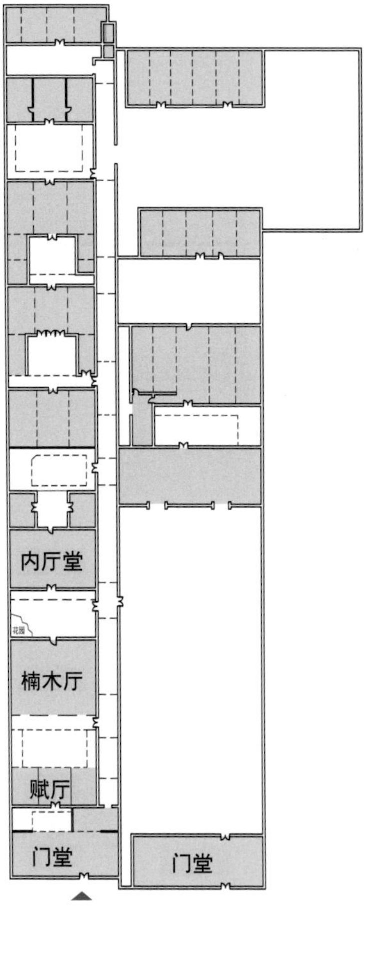

A. 功能分区图

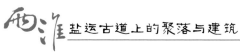

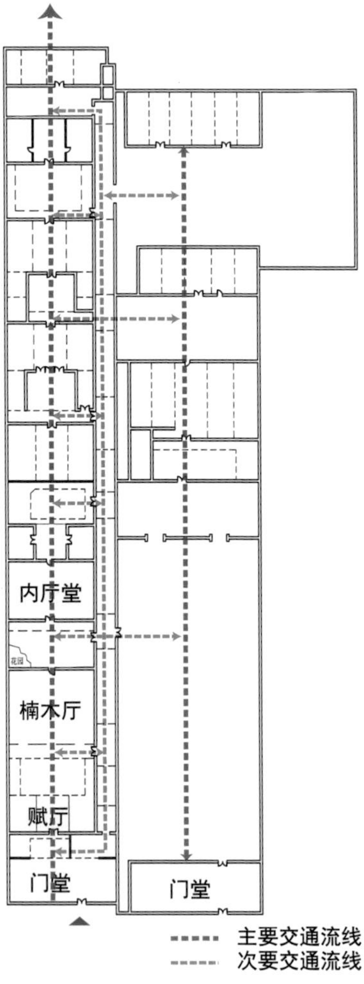

B. 交通流线图

图 4-23　汪氏盐商住宅平面

A. 火巷

B. 花窗

图 4-24 汪氏盐商住宅的火巷与花窗

（四）扬州卢氏盐商住宅

扬州卢氏盐商住宅曾有“盐商第一楼”之称，是目前扬州盐商老宅中保存较为完好的一座。老宅位于扬州南河下街区，靠近古京杭运河（图 4-25）。老宅整体分为前后两部分，前面的建筑空间为居住区，以天井为中心，结合各进厅堂，呈轴线展开布局，后面的空间则是名为“意园”的花园（图 4-26）。

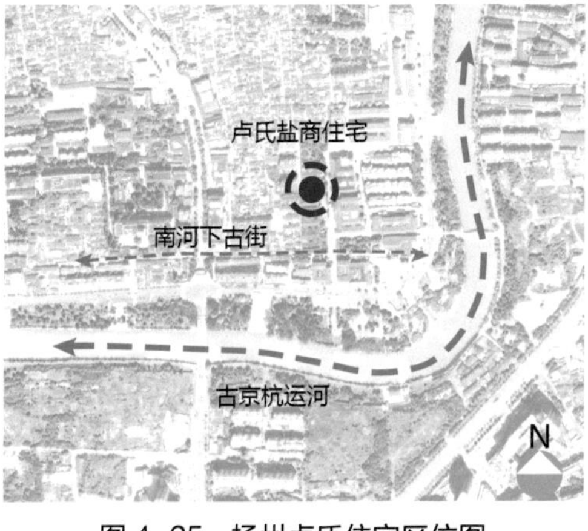

图 4-25 扬州卢氏住宅区位图

图 4-26 扬州卢氏住宅“意园”

居住区的空间布置：第一部分前后共七进，其中第一进是一排七间的两层建筑，东侧五间底层辟为门屋及门房，西侧两间与之分开，并用院墙分出独立的小院，因而使门屋偏东。入门北向为倒座，过天井为二门（照厅），此天井中设有福祠，为淮扬地区盐商建筑所特有，功能类似于土地祠。福祠雕刻精美，在扬州地区，如此精美的福祠亦是难得一见（图 4-27：A）。

二门位于轴线上，面阔三间，两侧设有厢房，过去被用作客房（图 4-27：B）。二门内是两侧带有廊庑的天井，廊庑将二门两侧又分隔成小的天井院，两侧天井通过廊庑中间的月洞门可以彼此联系。

A. 福祠

B. 二门

图 4-27　扬州卢氏盐商住宅福祠与二门

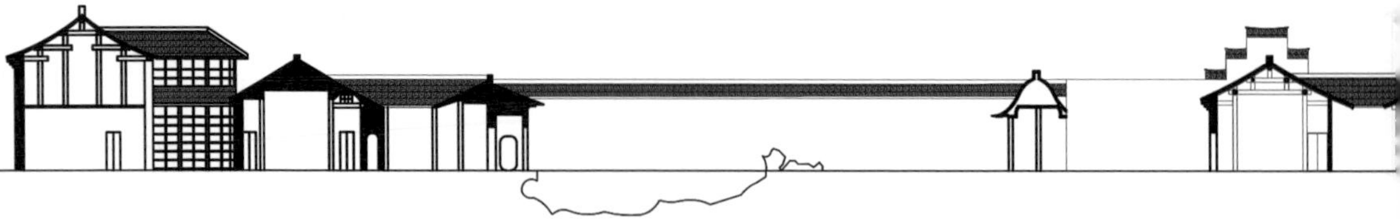

正对二门的是正厅，名“庆云堂”，两侧亦各连两间附房，相互间以板壁隔断，平时能作为彼此独立的建筑和院落，当需要大空间举行一些仪典时，可以除去板壁打通空间。正厅之后是二厅，如果说正厅接待的是那些需要礼仪周全但关系并不亲密的客人，那么二厅所接待的客人与主人关系则要密切得多。二厅面阔三间，设有客房和账房。二厅之后砌以隔墙，穿过隔墙的中门便进入了内宅。在过去，“男女有别”是礼法所特别强调的，故另有厅堂用以接待访客中的女眷。隔墙之后的第一进建筑设三间女厅，其两侧所连的附房亦被用作女眷的客房，并用塞口墙予以分隔。第六、第七两进系主人居住之处，亦为面阔七间的楼房，两侧连以厢楼，使之前后相通。再入是相对独立的一区，有墙垣予以分隔，面阔亦是五间，系亲友临时留居的地方。建筑后一部分主要为书斋和藏书楼，此区域自成一体，并在西侧设后门及门房（图 4-28）。

卢氏盐商住宅的花园、庭院布置灵活：前面五进主轴线两侧的天井内都有湖石花台，并配以树木，形成幽静的空间，同时在廊庑的分隔墙中设计有镂空的砖墙雕花，使得建筑内部庭院空间在视觉上连贯起来，增加了天井的空间层次（图 4-29）。在前面第九进建筑之后还布置了一处花园，内有池沼、亭台、游廊，并点缀以湖石、花木，打造出江南园林的景观（图 4-30）。花园的设置打破了原有的建筑轴线，为建筑原本较为规整、严格遵从礼制的布局增添了灵动之美，亦反映出盐商的生活态度和审美情趣。

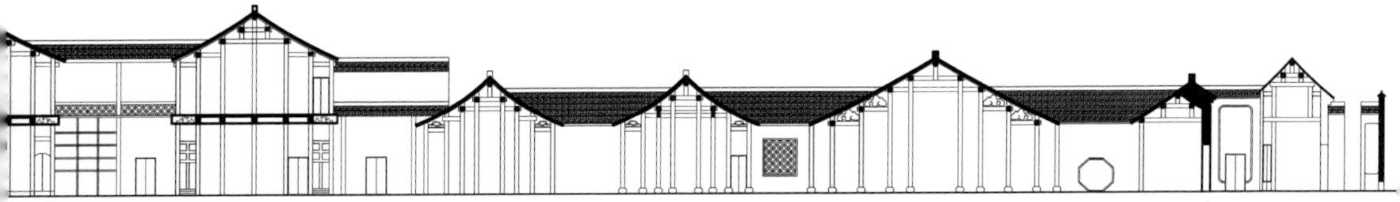

图 4-28　扬州卢氏盐商住宅剖面图

A.第五进天井

B.第五进与第六进之间的天井

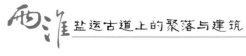

C.第六进与第七进之间的天井

图 4-29　扬州卢氏盐商住宅天井

图 4-30 扬州卢氏盐商老宅花园

整体来说，淮北盐区引地较小，经济没有淮南盐区发达，盐商有部分寓居淮安，还有部分寓居扬州，靠近两淮盐政部门。整体来说，徽商对淮北盐区的影响是以淮安为中心向西逐渐减弱的，在远离淮安、靠近盐区边界的地区，比如亳州，受山陕商人影响较多，建筑呈北方建筑风格。且淮北地狭人稀，盐价也比淮南低，所以淮北盐商是远远不如淮南盐商富有的，故淮北盐区盐商宅居的规模及华丽程度也远不如淮南，即使淮南淮北盐商都是由徽商及山陕商人等共同组成的，但是盐业资本实力的差距在其住宅上清晰显现出来。

第三节

祭祀建筑

两淮盐神祭祀与盐商和盐民所处的社会地位、所从事的社会生产以及所期望的目标有着直接的关联。由于盐运主要依托河流，水运顺利与否直接关系运销获利情况，因而盐商和管理盐业的官员崇拜盐宗和水神，以求运销顺利，不断获利。盐民主要崇拜能保佑其丰产的“盐婆婆”。两淮盐区内，盐宗庙原有扬州、泰州两处，每逢春节，实力雄厚的盐商与盐政官员一起举行一年一次的大型祭祀活动，所有盐商、盐政官员、盐民皆可参加。因此，盐宗庙的选址和建设考虑到了大型祭祀活动的需求，其平面布局也受到礼制的影响，呈现中轴对称的建筑格局。较之于盐宗崇拜，水神崇拜则更为普遍，其庙宇主要位于水运节点聚落中，建筑规模也是由所在聚落的水运规模决定。盐民于每年农历正月初六“盐婆婆”生日当天在滩头等盐业生产空地开展祭祀活动，因而至今并无相关庙宇遗存。除与盐业直接相关的祭祀外，由于产盐区域的逐渐开放，场治聚落逐渐向行政管理聚落转变，因而关帝庙也成为盐场中盐商与盐民的日常祭祀空间。

一、盐宗庙

扬州的盐宗庙位于康山街，由两淮盐商共同出资捐建，是两淮盐商举行祭祀礼仪的场所。盐宗庙供奉的神有三位，即夙沙、胶鬲、管仲（图 4-31）。传说第一位煮海为盐的古人便是夙沙氏；胶鬲为传说中最早的盐商；管仲是最早提出“食盐官营制”的政治家，这个政策对后世盐业赋税产生了极大的影响，管仲也因此被后人称为最早的盐官。因此这三位被同为海盐产区的两淮盐商所供奉祭拜，用以祈求盐业经济兴盛。

图 4-31　扬州盐宗庙内的神像及壁画

盐宗庙在清末曾被改为纪念曾国藩的曾公祠，这是因为在清晚期曾国藩曾担任两江总督兼理两淮盐政。因此，现在的门厅入口旁侧即为曾国藩展厅。盐宗庙内建筑共三进，一进比一进高，寓意着“步步高升”，从入口大门便可看到最后一进祠堂内的雕像，整体建筑呈现一种古朴的气势（图 4-32）。

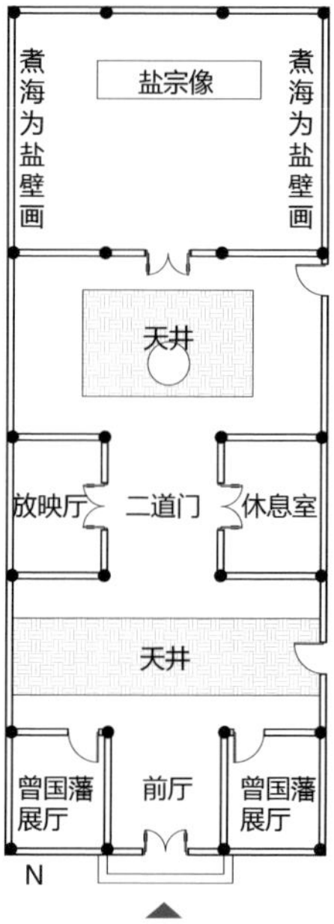

图 4-32　扬州盐宗庙平面图

二、皂河龙王庙

除了盐宗，因行盐多靠水运，所以水神崇拜也在盐商、盐民中非常盛行，相应地就诞生了龙王庙、天后宫等建筑。

江苏宿迁皂河古镇位于淮北盐区京杭运河运输线上，因为黄河经过这里导致连年水患，所以在清初开始修建龙王庙，意欲镇住水患，保佑当地百姓的生活平安及商人的货物航运顺利。乾隆六次下江南，往返十一次宿顿于此，故又俗称“乾隆行宫”。自清代以来，每年的农历正月初八、初九、初十这三天是皂河龙王庙庙会的日子，尤其是初九这天，当地人称为“皂河初九会”，届时，附近山东、安徽、河南等地在淮北行盐的商人也纷至沓来，祭拜龙王，祈求运输平安。

皂河龙王庙平面呈梯形，坐北朝南，自南向北依序为山门、御碑亭、钟楼、鼓楼、怡殿、东西配殿、龙王殿、东西宫、大禹殿等，前中后共三进，形成院中院，均按清代官式建筑建造（图 4-33）。山门前广场为聚会观演空间，正对着山门的南侧有戏台一座，庙会

图 4-33　皂河龙王庙

时的热闹场景与院内的信仰和祭祀空间相隔，形成一动一静的氛围。在建筑轴线的两侧分布着龙泉、东西御花园、御膳房等辅助空间。

三、栟茶关帝庙

在清代，每一个淮盐盐场均在场镇中心位置设有关帝庙，以祈求风调雨顺，盐业丰收，但目前保存下来的仅栟茶关帝庙一处。笔者调研时了解到，此关帝庙在新中国成立后多次改名，最终又改回原名，翻查乾隆《两淮盐法志》栟茶场图发现，现存建筑与清代关帝庙位置一致，均位于场镇运盐河东侧。

目前栟茶关帝庙整体采用对称式布局，前两进保存较好，为混合式结构，其中明间采用抬梁式，次间则采用穿斗式，屋顶为硬山顶（图 4-34）。建筑整体经过修正，但前两进的框架和格局未经改动，尤其是第一进，几乎保留有清代建筑的原貌。建筑外墙用青砖砌筑，并无过多的装饰，仅入口处做了局部的砖雕，但多已损毁。

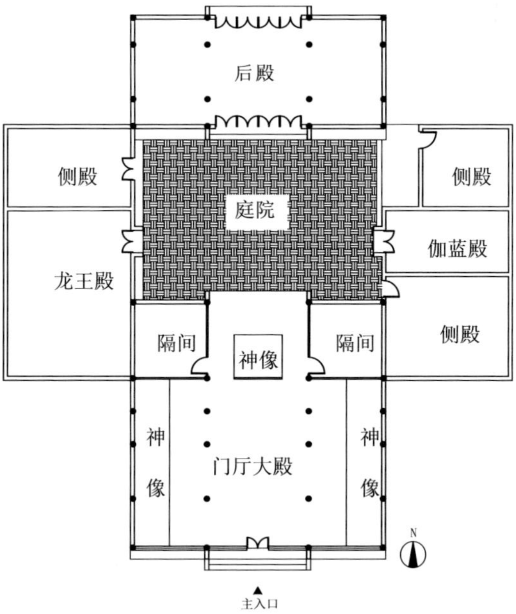

图 4-34　栟茶关帝庙平面图

第四节

会馆建筑

一、会馆建筑的类型

伴随着“食盐开中”“纲盐法”等政策实施，淮北盐业经济得到发展，大批外地商人来到淮北经营盐业，以盐商为主的商人群体为了在外地联络同乡情谊、共商事务等，便共同出资建造会馆这一类型的建筑。

两淮盐区的盐业会馆有徽商建造的徽州会馆、山陕商人建造的山陕会馆、苏镇扬商人合建的苏镇扬会馆等等。它们或濒水而建，或建立在繁华的商贸街巷之间。运盐聚落中的居民以外地客商居多，他们客居他乡，建造各地的同乡会馆，以方便他们聚会议事。会馆建筑具有祭祀神灵、祈福求财、交流信息、商务聚会、娱乐休闲等诸多功能。

二、会馆建筑的形态特征

首先，会馆建筑往往是商人合资建造，不是官方拨款，也不是个人出资，故其建筑形式和风格多要考虑各个商号老板的喜好；其次，由于盐是政府掌控的物资，盐商的长期盈利离不了官府的支持，大盐商往往都有官方背景，故会馆大多表现出庄重的官派气势，但其建造的主要目的还是满足商人的生活与娱乐需求，从而决定了会馆建筑官商风格并存的特点。

（一）盐业会馆的平面布局

1. 统一的轴线关系

任何建筑都应具有实用功能，盐业会馆也不例外。它不是一般功能单一、明确的祭祀建筑，而是集社交、祭祀、交易、娱乐等多种功能为一体的场所。故各会馆在功能设计上较为相似，通常包含山门、戏台、庭院、主殿、配殿、东西看楼等。因功能的多样性，盐业会馆建筑一方面显得严肃，一方面显得活泼；一方面体现正统，一方面体现民俗。盐业会馆建筑布局多是中轴对称式，山门、戏台与主殿在同一轴线上，体现建筑的庄重气派，轴线两侧布置东、西看楼，与山门、主殿共同围合成院落。实例有亳州山陕会馆、亳州江宁会馆、徐州山西会馆等，其均为单一轴线对称布置，辅助用房布置在旁侧。

2. 院落组织平面功能

在一般的盐业会馆中，院落是由戏台、看楼、正殿围合而成的公共空间，这一空间承载着盐业会馆的集会、观演、祭祀等功能（图4-35）。它既可在戏台表演时作为观看表演的室外空间，也可以作为正殿祭祀空间的延伸。常见的院落为方形的四合院式，院落两侧分布着看楼、配殿等主要建筑。也有不规则院落，如窑湾山西会馆，因院内有一棵古槐树，在建造时即将东看楼偏于一侧以保护古槐树，故院落为不规则形。

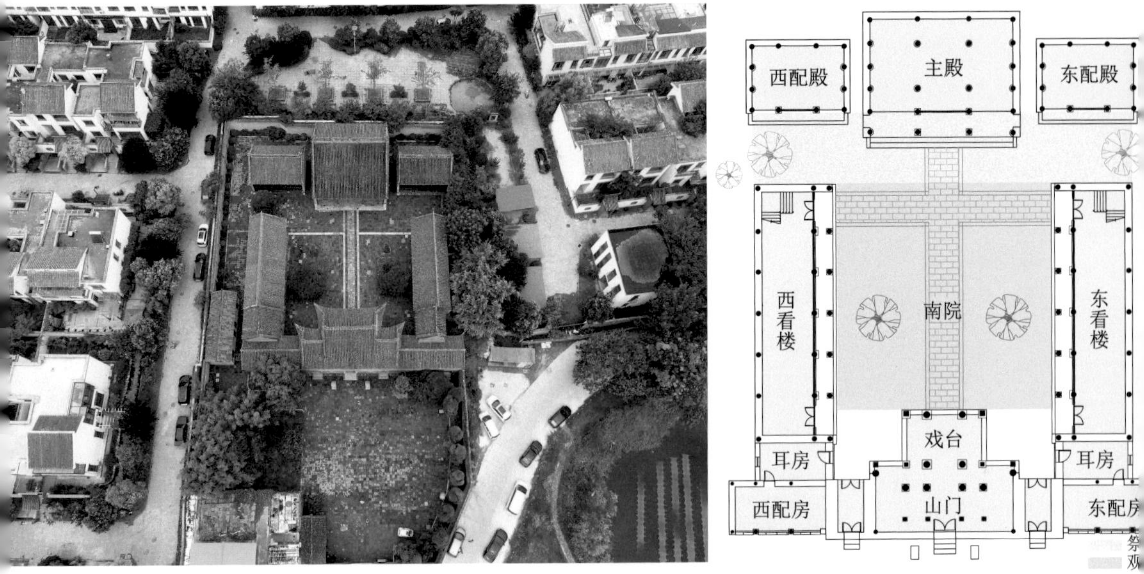

A. 亳州江宁会馆

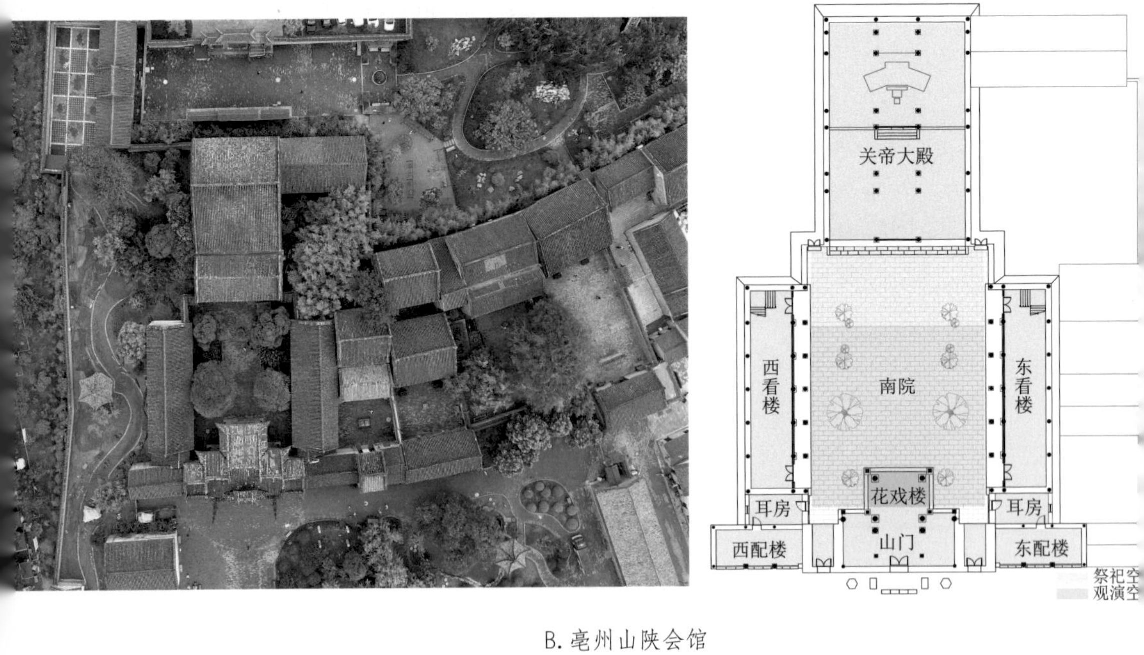

B. 亳州山陕会馆

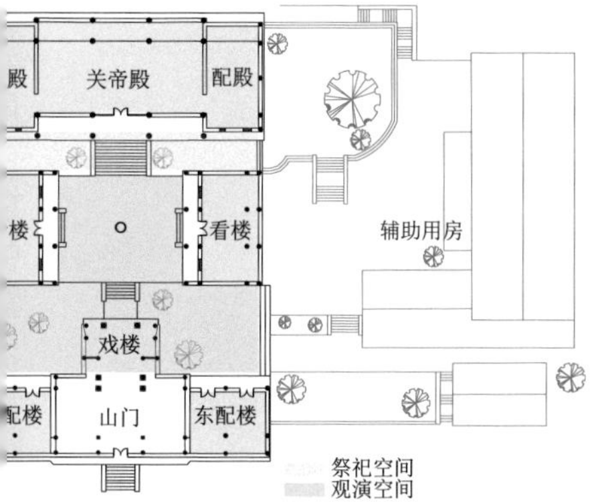

C. 徐州山西会馆

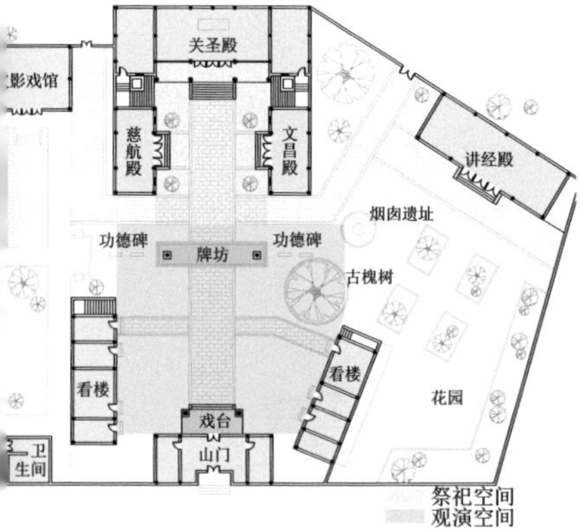

D. 窑湾山西会馆

图 4-35 两淮盐区盐业会馆院落空间示例

（二）盐业会馆的空间序列

盐业会馆建筑的空间序列节奏较强，以入口山门为起点，随着向院落深处的行进而逐渐展开。它以院落作为建筑群的基本构成单位，分为入口空间、观演空间及祭祀空间。入口空间较为宽敞，穿过低矮的戏台空间，便来到开阔宽敞的院落中，开阔宽敞的院落与低矮压抑的戏台形成强烈的对比。在两淮盐运古道沿线会馆建筑中，多由一进院落组织空间，故观演集会空间也多与祭祀空间相连或合二为一，宽敞的院落两侧便是看楼，看楼常为二层砖木建筑。整个空间序列以正殿为终点，其一般居于最高处，使整个建筑群显得庄重肃穆（图 4-36）。

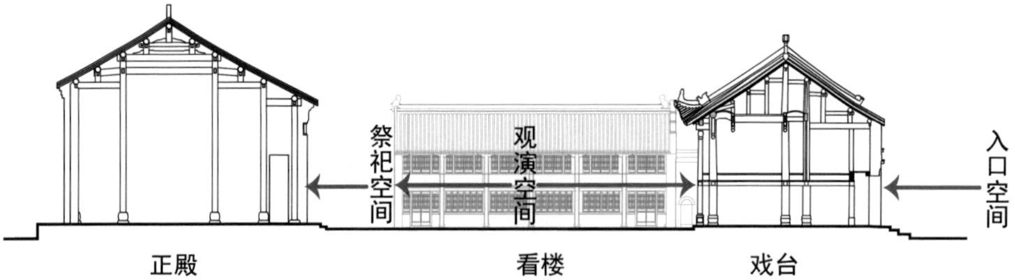

A. 亳州江宁会馆

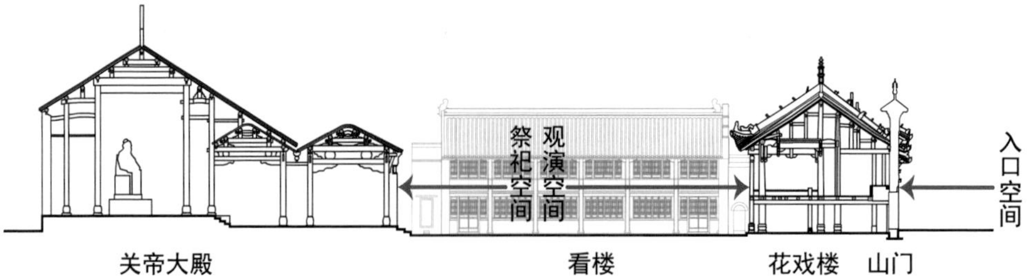

B. 亳州山陕会馆

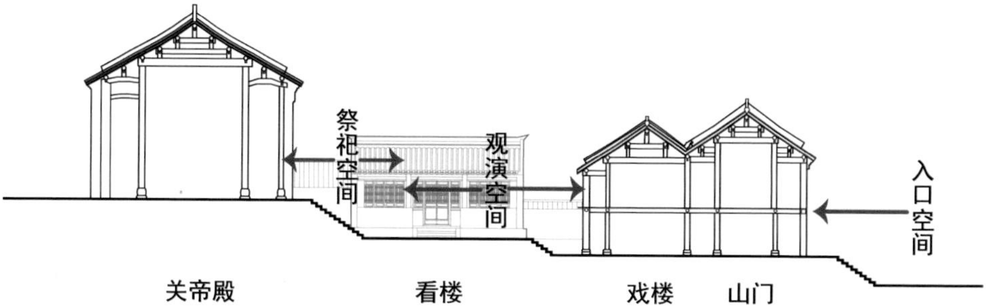

C. 徐州山西会馆

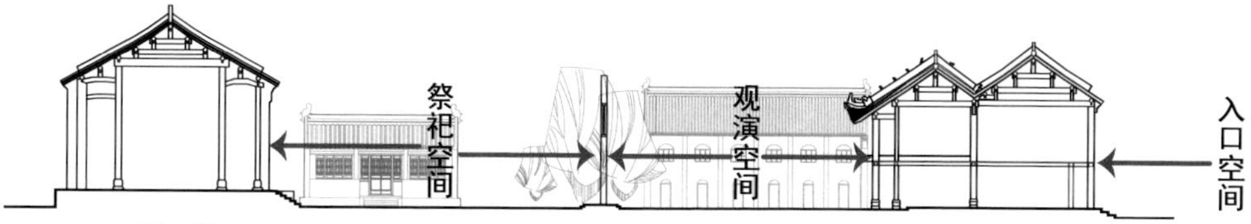

D. 窑湾山西会馆

图 4-36 两淮盐区盐业会馆空间序列示例

1. 入口空间

山门作为会馆建筑最为重要的一个部分，其形式和特征极大地体现了商人的本源文化特点和建造者在当地的权势与地位。

不同地方商人修建的会馆“门面”也多不相同，各有特色，比如山陕会馆大门前安置有带秦晋特色的铁旗杆，其共同的特点就是宏大、壮观、精美。商人们用山门的精美程度和规模来体现自己的地位、彰显自己的财富。例如，亳州江宁会馆有山门三间，每间都设有拱券形门洞，古朴庄重（图 4-37）。明间正门匾额镶嵌砖刻“江宁会馆”四个大字，并饰以砖刻织锦纹边框。东次间匾额与西次间匾额分别镶嵌“钟山”“分秀”两组大字。山门背面即戏楼，五开间。戏楼为砖木结构两层建筑，底层类似门厅，为会馆主入口，上层为戏台，舞台三间前突，平面呈“凸”字形。梁架间饰悬狮、垂鱼，刀笔粗简，不饰彩绘。整个舞台布局紧凑，功能完备。

图 4-37　亳州江宁会馆入口

2. 观演空间

为举行宴饮、举办娱神活动，会馆中常设有戏台这类建筑空间及观演集会空间。相对于祭祀空间，这种观演空间——戏楼、戏楼前的庭院及两侧的看楼是会馆建筑的一大特色。两淮盐运古道沿线的会馆建筑多在山门背后建有戏楼，两侧厢房为东西看楼，一般为两层。如亳州江宁戏楼、窑湾山西会馆，戏台为底层架空式，作为观演空间的庭院多为硬质铺地，两边均有两层的看楼，因建筑整体强调轴线，故中轴线上的铺装材质也会与其他地方有所区别（图 4-38）。

A. 亳州江宁会馆戏台及轴线硬质铺装

B.亳州江宁会馆看楼

C.窑湾山西会馆看楼

D.窑湾山西会馆戏台及轴线硬质铺装

图 4-38 两淮盐区盐业会馆观演空间示例

3. 祭祀空间

盐业运输多是长距离的水路运输，有时会因天灾人祸导致人财两失，因此在盐业会馆中总会设有祭祀空间，商人通过对神灵或乡贤忠臣的祭拜来祈求平安，例如山陕商人供奉关公，徽商供奉朱子（宋朱熹，徽州人）、张公（唐东平王张巡）、汪公（唐越国公汪华）等。盐业会馆正殿建筑一般高大宏伟，结构多采用抬梁式与穿斗式相结合，即抬梁式用于中跨，穿斗式用于山面。如亳州江宁会馆和山陕会馆的大殿，同样是面阔三间，青石踏跺，方砖墁地，其梁架结构都是将北方的抬梁式与南方的穿斗式相结合（图4-39）。梁、柱、枋、檩、椽等主要大木构件用材粗大，额枋、雀替雕刻繁缛，施彩绘，檐柱、中柱、金柱、山柱下均设石质柱础，或方或圆，十分规整。

A. 亳州江宁会馆祭祀空间与木构件

B. 亳州山陕会馆祭祀空间与木构件

图 4-39　两淮盐区盐业会馆祭祀空间示例

三、代表性盐业会馆分析

（一）亳州山陕会馆

亳州山陕会馆，当地又称“大关帝庙”，始建于清顺治十三年（1656 年），由在亳州经商的山陕商人集资建造。清代，涡河水系通航能力渐渐恢复，因亳州城位于涡河边上，往来物资可由淮河、运河南下，也可沿涡河北上，各地商人遂纷至沓来，使得亳州商业发达，淮北盐也可由淮河进入涡河水运抵达亳州。亳州山陕会馆见证和浓缩了山陕商人在亳州的发展历史。至光绪年间，亳州山陕会馆曾先后修缮多次，均由在亳州的山陕药商、盐商等捐资完成，前后历时 260 年，其东侧还有粮食会馆、火神庙等建筑群（图 4-40）。

图 4-40 亳州山陕会馆与涡河区位关系

亳州山陕会馆共有山门、花戏楼、钟楼、鼓楼、看楼和关帝大殿六个部分（钟、鼓二楼与花戏楼内侧连为一体），平面中轴对称布置，仅一进院落，庭院为观看戏楼表演的场地。山门为三间四柱五楼式砖牌楼，明间有拱门，门上横额曰“大关帝庙”，再上竖额曰“参天地”，这些文字的四周装饰着精美绝伦的砖雕。山门前两侧有两米多高的石狮雄踞对视，神态生动；石狮前有一对高达 16 米、重达 15吨的铁旗杆。大门左右为钟、鼓二门楼，皆为一间二柱一楼式砖牌楼，中央有拱门。大门、钟鼓二楼与旗杆、石狮共同形成极其宏伟壮丽的外观（图 4-41）。

图 4-41　亳州山陕会馆山门

从大门中央拱门进入庭院，回头看便是花戏楼（图 4-42：A）。花戏楼为全木结构，面阔三间、高二层，底层明间为大门，上层为舞台，与钟、鼓二楼内侧连成一体，但比钟、鼓二楼向前突出，呈“凸”字形平面格局。戏楼中央明间又比两次间再向前突出，明间上部为歇山顶，后部接大门与钟鼓楼形成的硬山屋顶具有极为丰富的造型。当年在这座戏台上经常会有山西蒲州梆子戏和陕西秦腔上演，山陕客商也常请当地的官绅及其他商户来会馆做客观戏。所以民间以“花戏楼”来称呼整个山陕会馆建筑群体。这座花戏楼在亳州地区享有盛名，所以亳州山陕会馆虽以“关帝庙”命名，但实际上其祭祀功能是次要的。

在花戏楼的东西两侧各有看楼一座，每楼二层，每层六间（图 4-42：B），供商贾、达官贵人在此听戏、商谈生意等使用。东、西看楼和大殿与花戏楼共同组成一个完整的院落。

A. 花戏楼

B. 东侧看楼

图 4-42 亳州山陕会馆观演空间

与戏台正对的是关帝大殿，大殿面阔三间，分为前厅和后厅两个部分。前厅彩绘堂皇（图 4-43：A），后厅高大宽敞，供奉着关公塑像。受“破蚩尤”“盐池斩妖”等传说的影响，山陕盐商普遍祭拜关公。前厅到后厅设有三阶踏步，以增强殿内神圣、庄重的气氛（图 4-43：B）。

A. 前厅梁架

B. 从前厅看向后厅

图 4-43　亳州山陕会馆大殿空间

亳州山陕会馆的砖雕、木雕的精细程度令人叹为观止（图 4-44）。近观花戏楼大门及钟鼓二楼，其通体用水磨砖砌成，上面布满精美的立体透雕。这些砖雕有人物、车马、城池、花卉、禽兽等图案，其中包括六出内容完整的戏文，另有七十余种故事画、图案与纹饰，足以和徽州砖雕一较高下。大门明间自下而上逐一呈现为：拱券雕二龙戏珠，雀替雕麒麟一对，第一层小额枋雕瑞鹤图，第二层小额枋和龙门枋内透雕故事图，具有高度的立体感，二者皆为梯形构图，一下一上，与“大关帝庙”匾额共同构成一个完整的八角形。“参天地”竖额两侧雕双龙，其上部雕福禄寿三星。

木雕镶于戏台大枋外面，多以三国故事为主题，在会馆山门、戏楼之上有很多涉及三国故事的雕刻和彩绘。也许《三国演义》的广为流传使曹操的形象一般都被歪曲了，但亳州是曹操的家乡，所以“尊关贬曹”在亳州山陕会馆里得到了一些修正。在这里的三国雕刻与彩绘中，刻意隐去了曹操的“白脸”形象，“割须弃袍”的曹操穿红袍，围玉带，配宝剑，气度不凡；“献刀刺董卓”的曹操面目白净，神态从容。

石雕多刻于柱础，均为浮雕，有人物故事、花卉、鸟兽等各种图案。彩绘集中于戏楼藻井、戏台、钟楼和鼓楼，色彩绚烂，富丽堂皇。

A. 戏台柱础

B. 戏台撑拱

C. 戏台柱头

D. 山门（一）

E. 山门（二）

F. 额枋

G. 戏台藻井

图 4-44　亳州山陕会馆的精美雕刻

（二）窑湾山西会馆

徐州窑湾曾拥有八大会馆，其中山西会馆保存较为完整。山西会馆坐落在古镇西大街、老沂河旁侧，原为唐代关帝庙，清代山西商人来到窑湾，在关帝庙的基础上建孔圣殿、岳王殿、钟鼓楼、东西看楼，形成了现在山西会馆的格局（图 4-45）。

图 4-45　窑湾山西会馆鸟瞰

窑湾山西会馆庄严宏伟，沿街正门面阔三间，门上正中有一方石板，上刻“山西会馆”四字（图 4-46）。山门背面便是戏台，从入口穿过戏台下方来到庭院中央，院落东西两侧各有看楼五间，可观赏戏楼表演。其中右侧看楼略微偏离中轴线，以保护院中原有的古槐树。沿着戏台向前走有石牌坊一座，其正面有“护国佑民”四字，背后便是主殿关圣殿。主殿建在高高的台基上，面阔三间，进深五檩，在主殿的两侧有慈航殿及文昌殿。建筑整体还是呈中轴对称布置，规模较大，后人在会馆的东西两侧加建了一些附属用房。

A. 会馆山门

B. 院中石牌坊

C. 大殿及两侧配殿

D. 大殿抬梁式结构

图 4-46　窑湾山西会馆组图

（三）扬州岭南会馆

岭南会馆是扬州所遗存的会馆建筑中保存最为完整的一座。会馆主入口为牌楼式，八字形，有五幅面，呈屏风状（图 4-47）。岭南会馆的雕刻极其精细，牌楼屋顶并非常见的小瓦，而是筒瓦。门楼檐牙高啄，有欣欣向荣之感。屋檐之下乃是仿木作的磨砖叠置

图 4-47　扬州岭南会馆入口

的飞椽、檐椽，做工精致，令人叹为观止。屋檐之下的二层额枋同样仿木作，中间嵌有四幅浮雕人物图案，人物神态各异，栩栩如生，周边有三种形态不一的花瓣为衬托，花叶首尾相连，十分精美（图4-48）。

图 4-48　扬州岭南会馆二层额枋砖雕

岭南会馆原布局为东、中、西三路并列，目前在其近百间的房屋中，唯有中路保存相对完整，主屋前后共五进院落，立面开间都是三间，分别为门楼、照厅、正厅、殿宇，两旁置厢廊。大门之后为照厅，大厅之前的走廊与两侧厢廊相连，但其厢廊唯有柱脚磉石保留下来，其他建筑结构均已灭失殆尽。东侧厢廊处仍存刻楷书字迹的石碑，石碑字迹虽已不清，但仍依稀可辨。柱下磉石乃是覆盆式，周围雕刻莲花瓣，上面是圆润的石鼓。三间大厅都安置屏门，两侧屏门之后也相应设有走廊，并且与两侧厢廊连接。后一进立面为三开间，按照扬州人的说法，其应该为正厅，而粤人通常视之为供奉武帝神碑的殿堂。最后二进院落的楼房与宅邸相连。目前岭南会馆已被改建成为一间精品酒店，中路的厅堂也改成了咖啡茶室，但其整体建筑结构并未改动，仍旧保存了建筑原本的样貌。

笔者调研时发现，明明是以徽商为主的淮北盐区，为何在盐运古道沿线的徽商会馆遗存却较少？这可能是因为：首先，淮北盐区离徽州地区较近；其次，两淮盐区的大本营在扬州，而淮北盐区离扬州不远，许多盐商便居住在扬州，故在淮北盐区内徽州会馆较少；最后，清道光年间，淮北试行票盐法，徽商失去了世袭的行盐权，从而纷纷破产，徽商会馆也无力维系保存下来。

第五节

两淮盐运古道上的盐业建筑文化

一、两淮盐运古道上盐业建筑的建造技术

（一）砖构建造

两淮盐运古道上的盐业建筑中，砖是最常见的建筑围合材料，这是因为砖具有易加工砌筑、防火等特性，两淮盐运古道上的盐商宅居墙面以灰砖清水墙为主，墙体通常为青砖砌成。在建筑底部，通常采用小砖实砌，或是大青石板砌筑。墙身有空斗砖墙，在节省材料的同时也起到了隔热的效果。盐商宅居中常采用三斗一眠空斗墙体、五斗一眠空斗墙体，底部以多层眠砖实砌作为基础。传统徽派建筑多为空斗砖墙砌筑，外部施以白粉，屋面以灰瓦铺设，即所谓的“粉墙黛瓦”，而淮北盐区的砖构则多为清水砖墙。

（二）石构建造

在产盐地连云港地区，本地盐民宅居墙体多用一种石材（图4-49）构造。这是因为连云港地处鲁南低山脉的余脉，在产盐地有云台山、凤凰山等山脉，山地多石，盐民便就地取材，以石砌墙，形成木石混合结构民居。民居墙身通体为石砌，按照加工的精细程度，可将石料分为碎石、片石、块石。民居采用的材料与居民经济实力密切相关，经济实力较弱的人家用块石做墙身勒脚及其他基础类部分，富裕的人家墙身及基础通体用块石砌筑。

A. 一斗一卧　　B. 毛块石砌筑

图 4-49　连云港地区的石构建造方式

（三）木构建造

淮北盐销售区主要覆盖了我国淮河沿线及江淮之间的地区，区内盐运古道上的建筑大量使用抬梁式及穿斗式结构，并辅以山墙搁檩式或叉手承重式结构。这几种结构样式在整个淮北盐区都有出现，但是不同样式在各地的分布密度有所不同。

最为常见的是抬梁式。抬梁式结构主要用在主体建筑上，例如盐业会馆的厅堂、祭祀建筑的正殿、盐商宅居的正房等，有时会结合穿斗式以扩大建筑进深。根据样式的不同，抬梁又分为五檩屋架、七檩屋架。根据建筑前后出檐部分的做法也可分为五檩（七檩）屋架带前廊后厦、五檩（七檩）屋架带前廊不带后厦及五檩（七檩）屋架（表 4-3）。七檩屋架建筑等级较高，建筑的开间及进深较大，多用于盐区内富有盐商的宅居及会馆、祭祀建筑等。五檩较七檩等级低，一般用于民居的厢房或是建筑规模较小的房屋中的正房。

山墙承重是主体建筑的辅助结构，在较小开间内部则使用檩条搭接山墙。山墙承重在两淮盐区被广泛使用，多见于厢房、客房、倒座、仓库中，形式也复杂多变，如蒙城县稚河集张乐行故居，倒座使用山墙承重，正房使用抬梁式（图 4-50）。

表 4-3　两淮盐运古道上盐业建筑的木构建造方式			
檩数	无前廊后厦	带前廊不带后厦	带前廊后厦
五檩	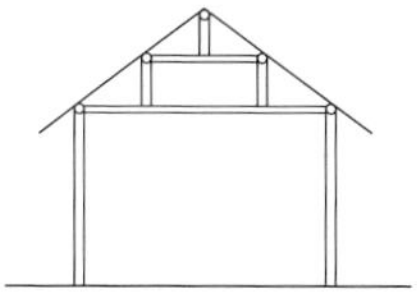	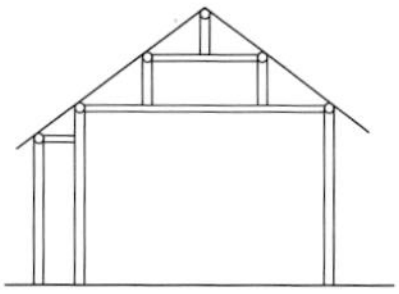	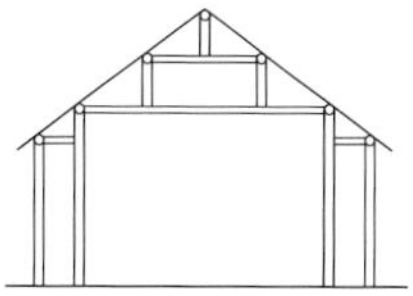
七檩	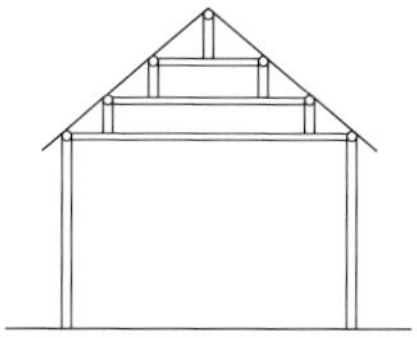	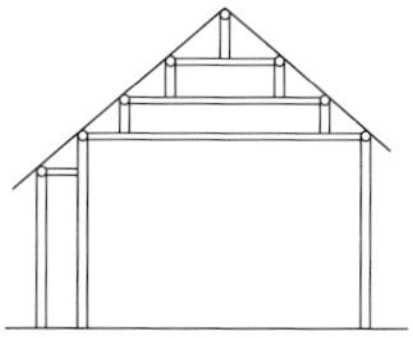	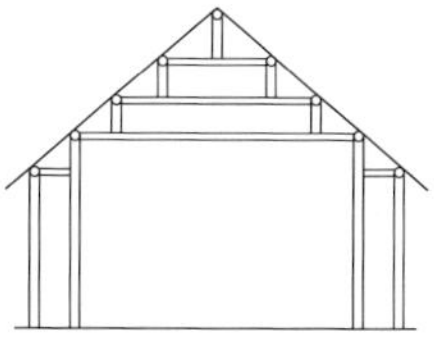

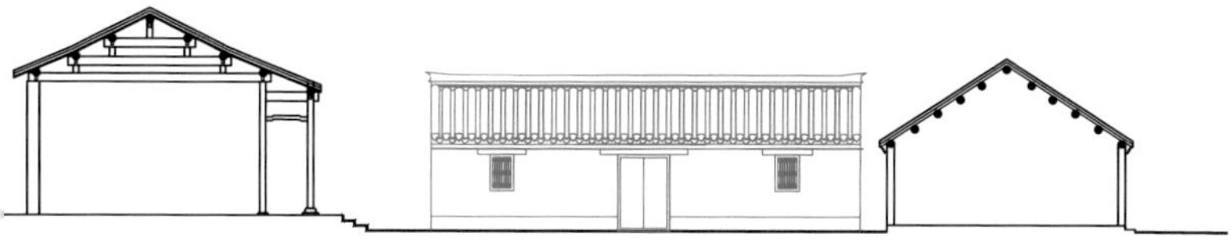

A. 张乐行故居剖面

B. 倒座

图 4-50　蒙城张乐行故居结构

在产盐地及食引盐区，叉手承重是比较特殊的结构方式，营造技术较为成熟。（表 4-4）叉手承重被称为叉手梁或金字梁，调研发现食引盐区金字梁样式包括：简单叉手梁、两重梁起架和三重梁起架。叉手承重之所以在食引盐区分布十分广泛，是因为食引盐区地处黄河泛滥区，自然灾害频发，大型木材较少，所以当地建筑尺度也有所限制，一般体量规模较小。

表 4-4 两淮盐运古道上盐业建筑的叉手承重方式				
样式	结构类型示意图	应用空间	实例图片	实例名称
简单叉手梁	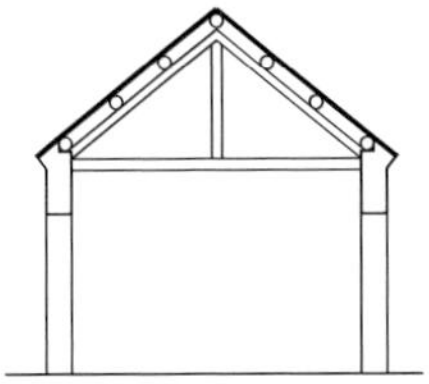	厢房		连云港板浦大寺巷民居
二重梁起架	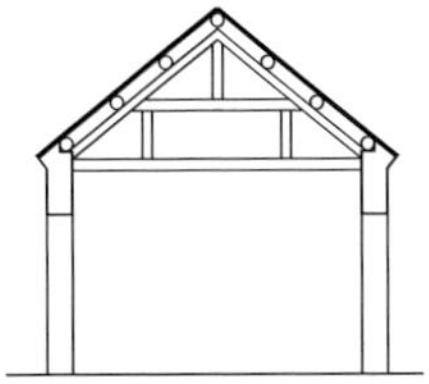	厢房/正房		上：皂河古镇陈家大院 下：窑湾古镇民居
三重梁起架	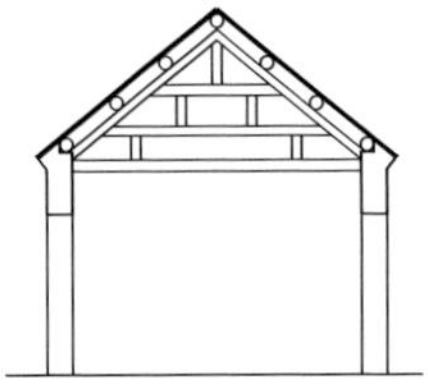	正房		窑湾古镇当铺

二、两淮盐运古道上盐业建筑的装饰

建筑装饰是建筑的重要组成部分，它蕴含着丰富的文化内容，反映了古人的精神追求与审美倾向，某种意义上也是财富、地位的象征（表 4-5）。

表 4–5 两淮盐运古道沿线盐业建筑的装饰

类型	部位	实例图片	分析
屋顶装饰	屋脊	 亳州江宁会馆大殿  亳州花戏楼  蒙城张乐行故居	会馆这类公共建筑屋脊上乃至屋顶上往往施彩色琉璃瓦，不仅饰有龙形大吻、套兽、仙人等，而且在脊饰陡板两面均雕有花纹。一般盐商民居则以普通瓦片堆叠而成，无脊饰
	山墙	 亳州江宁会馆  正阳关徐志远宅居  皂河陈家大院	会馆等公共建筑的硬山山檐以琉璃瓦作山墙点缀，而盐商宅居多作硬山山墙或马头墙
梁柱装饰	梁架	 亳州江宁会馆  亳州山陕会馆  皂河陈家大院	会馆类建筑梁架施彩绘，如亳州江宁会馆大殿梁架的彩绘就是素白的底色，淡雅的纹路。普通盐商宅居一般无雕刻或彩绘等装饰
	柱枋	 亳州花戏楼柱头  霍邱李氏庄园莲花柱头  霍邱李氏庄园穿插枋	在盐业会馆中，柱枋上以精美的镂雕为主，而盐商宅居柱枋多用平雕，辅以镂雕。雕刻内容也丰富多彩，包括花鸟、瑞兽等

（续表）

类型	部位	实例图片	分析
梁柱装饰	撑拱	 霍邱李氏庄园  毛坦厂镇店铺民居  亳州店铺民居	两淮盐运古道沿线许多店铺民居均采用撑拱的出檐形式，撑拱上略做雕刻，如三河古镇、正阳关镇等均有与此类似的建筑形式
	柱础	 亳州江宁会馆  亳州花戏楼  蒙城张乐行故居	盐业会馆的柱础多有简单的花纹雕刻样式，而普通宅居则为不事雕凿的石鼓状柱础
砖雕	影壁山门等	 板浦汪家大院影壁  亳州花戏楼山门  霍邱李氏庄园墀头	砖雕一般用于民居的影壁、房屋墀头、门照等处。在会馆中则主要用于山门上，亳州花戏楼的砖雕技艺十分高超

在两淮盐运古道沿线的会馆建筑及盐商宅居中可以看到大量雕刻技术超群的作品。木雕将原本生硬的建筑构件变得轻巧精美，不同建筑部位的构件应用着不同的雕刻技术，常见有浮雕、镂雕、平雕等多种工艺，最普遍的木雕装饰构件有垂花、梁架、柱头、门楼等。雕刻的内容也丰富多彩，包括中国传统古建筑中常用的龙凤、蝙蝠、花鸟、瑞兽等。

山陕盐商及徽商也在两淮盐运古道沿线建筑上留下了他们家乡精美的砖雕技艺。砖雕常用在会馆建筑的山门、牌坊等的外墙上，或是住宅的门楼、门照、影壁等处，门楼处一般雕刻福、禄、寿或三星送子等寓意吉祥富贵的图案。砖雕以浅浮、平浮雕为主，多刻在青砖上，因青砖成品坚实且细腻，非常适合雕刻。

淮北的海州区及淮安地区的建筑砖雕有一特色，即在砖砌大门门宕的过梁下施用雕饰。明间当中用砖砌门宕，上端有叠涩砖饰，上架木、石过梁，外贴青砖，底面也贴一方青砖。底面青砖常见雕饰，题材有福、寿、双喜、五福捧寿等。如板浦镇汪家大院正房入口门檐底下有“福”字砖雕，南城六朝一条街上的登州侯府的厢房门底下也有“福”字砖雕（图 4-51）。

A. 淮安明代漕运总督府砖雕

B. 海州南城登州侯府砖雕　C. 板浦镇汪家大院砖雕　D. 河下古镇民居砖雕

图 4-51　淮北地区的砖雕示例

三、盐业活动与建造技艺的传播

徽商群体在两淮盐商中扮演重要角色，其在两淮盐运古道沿线留下了丰富的建筑遗存，也对沿线的整体建筑风格产生了一些影响，马头墙便是其中之一。

在我们传统的印象中，马头墙出自徽州村落，也广泛应用于江南民居，在淮河两岸较为少见。但此次调研笔者发现，在淮河地区及江淮之间的运盐聚落中，马头墙这一构造频繁出现。比如：正阳关镇南大街上的林成中商铺，山墙饰以马头墙，马头墙为三叠式，砖墙不饰白灰；三河古镇的马头墙两端造型如鹊尾，向上挑起，构造简洁、朴素大方；孔城镇与毛坦厂镇的马头墙大多与三河古镇相似，墙头造型为鹊尾式。两淮盐运古道沿线马头墙的端部做法同徽派相同，放置“座斗”构件或是以青砖起翘，从街巷看过去，连续分布的马头墙极大地丰富了街巷的空间层次及景观天际线。总体来说，由于建筑进深不同，马头墙便有一阶、二阶、三阶之分，“马头”也形式各异，有“鹊尾式”“印斗式”“朝笏式”等数种（图 4-52）。

当然，两淮盐运聚落中常见的马头墙同传统的徽派马头墙又不尽相同，盐运聚落沿线的马头墙没有皖南徽派建筑的马头墙精致、复杂，且多为无粉刷的清水砖墙。传统徽派马头墙在墙顶端挑三线排檐砖，且三线厚度相同，但两淮盐运古道沿线运盐聚落中出现的马头墙出挑的第一线高度远高于其余两线。

对比传统徽派马头墙与两淮盐运古道沿线盐业建筑上的马头墙，可以发现其中存在明显的传承发展关系。不仅如此，如前文所述，在建造技艺、建筑装饰等方面都能发现这种或多或少的传承发展关系，这反映出徽商等盐商在开展盐业活动时也促进了建造技艺的跨区域传播与交流。

A. 皂河古镇陈家大院朝笏式马头墙

B. 正阳关镇沿街店铺鹊尾式马头墙

C. 窑湾古镇印斗式马头墙

D. 毛坦厂镇鹊尾式马头墙

E. 三河古镇鹊尾式马头墙

F. 孔城镇鹊尾式马头墙

图 4-52　两淮盐运古道沿线盐业建筑马头墙样式示例

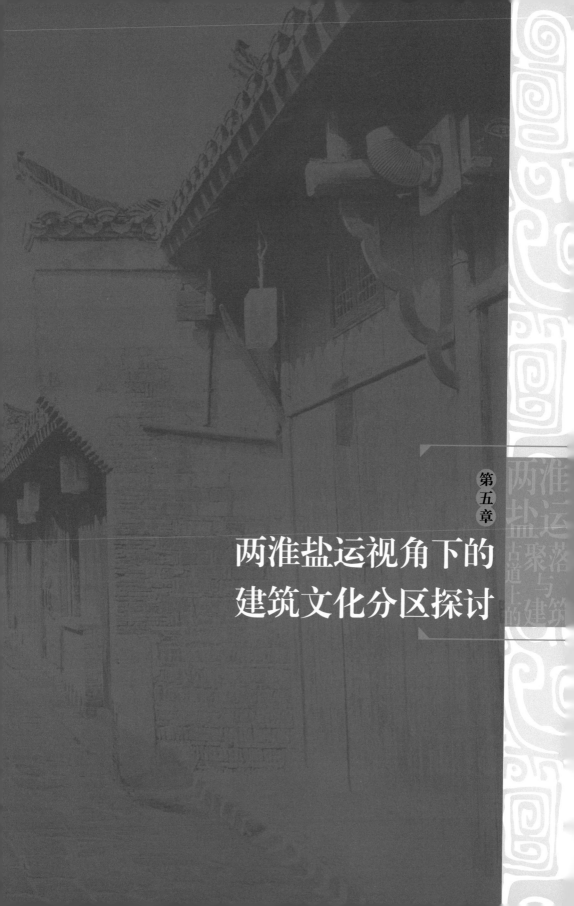

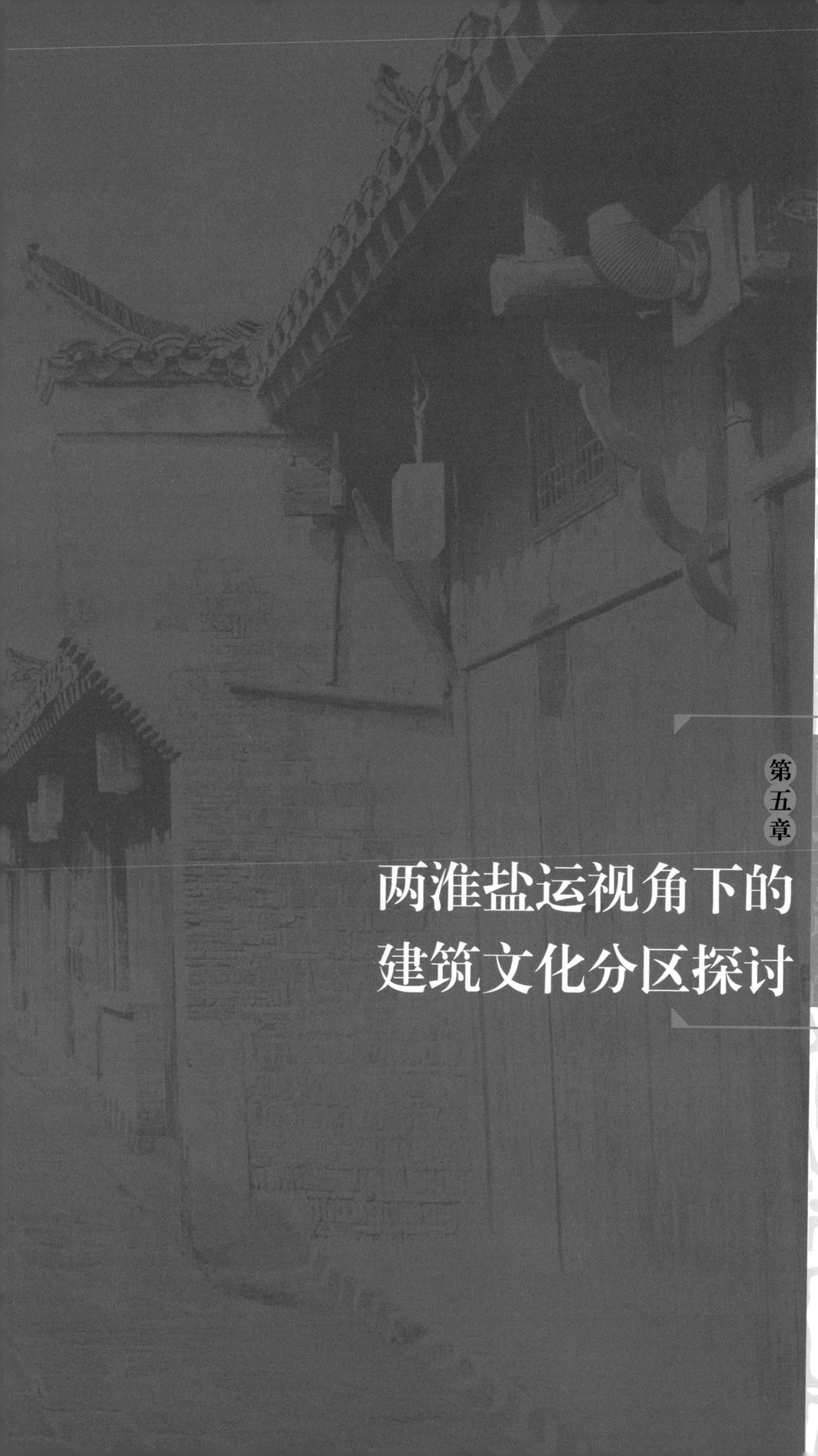

第五章

两淮盐运视角下的建筑文化分区探讨

第一节

两淮盐运古道上的聚落与建筑影响因素分析

一、交通因素

交通因素是聚落生存与发展至关重要的影响因素，这一点在两淮盐运古道沿线的聚落上体现得十分明显。以近代交通方式的变革为例，两淮盐运在近代交通方式到来之前主要依托水路，沿线较为发达的城镇也多位于河流交汇处。但清末战乱造成了长江航道阻断，加之产区内大规模实行“废灶兴垦”的政策，使得淮南盐业自清末起，销售范围和产量均远逊于淮北，其对建筑文化传播的影响也逐渐弱化，因而近代交通方式兴起主要对淮北盐销区产生影响。自铁路、公路出现以来，淮北盐销区内的一些城镇利用现代便利的交通方式迅速发展起来，其中，蚌埠为津浦铁路自徐州至浦口间之节点，豫东、皖北物产转输均集中于此。淮北盐的集散原来主要集中在正阳关、临淮关等淮河干支流交汇处，蚌埠因地处凤阳、怀远、灵璧三地交界，成为一处私盐集散地。蚌埠以前被称为“蚌埠店”，也叫作“油盐小集”，清乾隆时期统治者在凤阳县置蚌埠镇，这是蚌埠市的早期城市雏形。自津浦铁路通车以后，蚌埠得以迅速发展，一跃变为江淮咽喉、南北枢纽，成为皖豫各县货物集散中心，尤其以盐粮为大宗。铁路通行后，淮北盐行销皖、豫口岸时均经蚌埠。随着蚌埠盐、粮贸易的发展，杂货、土产等百货交易也逐渐兴盛起来。淮北盐原来在淮安西坝一带集中，经淮河再分运各岸，此后，淮北盐先经淮河水运至蚌埠，再通过津浦铁路及水路分销各地，蚌埠便成为淮北盐的集散中心。而运河之都淮安却逐渐沉寂，临淮关与正阳关盐粮市场也转移至蚌埠。

既有因近代交通运输方式的变革走向兴盛的城镇，也有因近代交通运输方式的变革走向衰落的城镇。清末民初，伴随着地方公路、津浦铁路和陇海铁路的修筑，传统水路交通运输的作用下降，淮河、运河、长江的盐粮货物运输优势不再。原依托水运发展起来的城镇，慢慢因偏离近代交通干道而走向衰落。如淮河沿线的临淮关镇、盱眙县、怀远县等，过去皆为水路码头，扼淮河水路交通要道，商贾云集，是食盐、粮食等货物运输的集散地，随着交通运输方式的变革，其水运优势逐渐不再明显。以临淮关镇为例，该镇地处淮河中游，与正阳关并称为“淮上双关”。笔者在调研中发现，古镇曾设有淮北古盐道的关隘，往来船只必须在这里停泊交税，街道上有茶楼酒肆、米行肉铺等。如今的临淮关只留下一些旧时的地名和几条石板路，往日繁华不再，其衰败便是在津浦铁路开通后开始的，因偏离近代交通干道，它失去了转向大城市的发展机遇。

随着漕运的停止，京杭大运河运输功能减弱，加之陇海铁路的开通运行使得运河沿线的聚落逐渐失去了交通优势，曾经繁盛的运河市镇迅速衰落，昔日的各行帮、盐帮等也渐渐淡出人们的视野，街市繁荣的景象一去不返。

二、自然环境因素

自然环境是聚落生存与发展的先天条件，两淮盐区对盐运聚落影响最大的自然环境因素是黄河。黄河侵夺原淮河的入海水道后，在淮、泗交汇处，原有的大小湖沼连成一片，渐渐形成洪泽湖。在暴雨连绵或黄河南泛时，淮河水系排水不畅，时常会发生涝灾，淮河流域便成为“大雨大灾，小雨小灾，无雨旱灾”的地方，由此也对两淮盐区的一些运盐聚落造成严重影响。清康熙十九年（1680 年），位于洪泽湖口的泗州城便因涝灾而被淹没，从此没入湖底（图 5-1）。

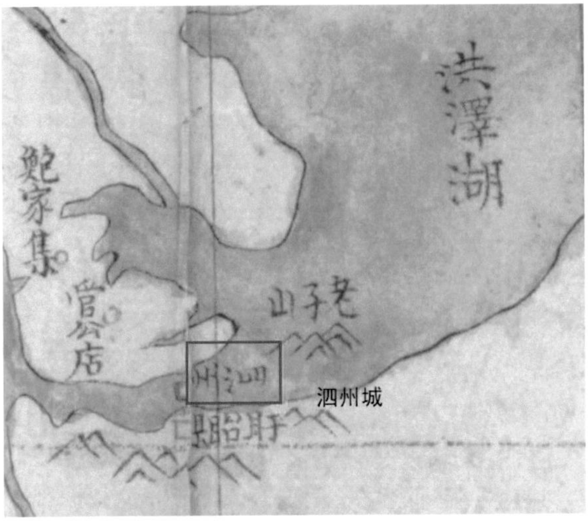

注：底图来自《皇舆全览分省图》。

图 5-1　古泗州城区位

再如三河尖镇，古镇位于淮河、史灌河、曲河三河交汇处，有“鸡叫狗咬听三县”一说。盛极一时的三河尖镇曾是闻名于豫皖鄂三省的航运中心，水运发达，上通颍亳、下达江湖。作为航运中心，三河尖镇是淮北盐运的重要港口，也是大别山山货、农副产品等货物转运的集散地，曾有“十里河巷桅杆林立，水陆灯火交相辉映”的景象，车水马龙，人声鼎沸。清代河南光州、固始的粮食经三河尖沿淮而下。淮北盐出洪泽湖后，溯淮河西上，经正阳关换小船运至三河尖镇，再转运至光州、商城、固始等地。

三河尖因得益于“水”而兴盛，又因受害于“水”而衰败。由于黄河多次夺淮，淤泥把下游入海口以上的河床抬高，导致排洪不畅，而三河尖为三河交汇之处，乃全省地势最低的地方，这使得其十年九涝，收成不保，最终走向了衰败。

三、经济因素

作为一种商业聚落，社会经济大环境尤其盐业经济本身的式微对于盐运聚落的衰落产生了直接影响，这突出反映在淮南、淮北的盐业集散中心上。淮北盐运的集散中心原在淮安河下古镇，由于盐业机构的设立，盐商纷至沓来，河下成为“万商之渊”，是当时淮北的金融中心之一。有诗写道：“十里朱旗两岸舟，夜深歌舞几曾休。扬州千载繁华地，移在西湖嘴上头。”① 这里的西湖嘴指的便是淮安河下古镇。清道光中叶，两江总督陶澍革厘淮北盐积弊，裁撤根窝，使得原本据为世代家业的窝本成为废纸，导致淮北盐商纷纷破产。改票后不到十年，河下镇的盐商急剧败落，“高台倾，曲池平，子孙流落，有不忍言者，旧日繁华，剩有寒菜一畦，垂杨几树而已”②。随着河下盐业的式微，古镇也走向衰败，如过去著名的柳衣园，是淮北总商程氏的私家园亭，也被出售拆毁，夷为平地。

淮南的盐业集散中心原位于仪征十二圩，它是清代淮南盐的批验之地（图 5-2）。清同治十二年（1873 年），淮盐总栈迁设于

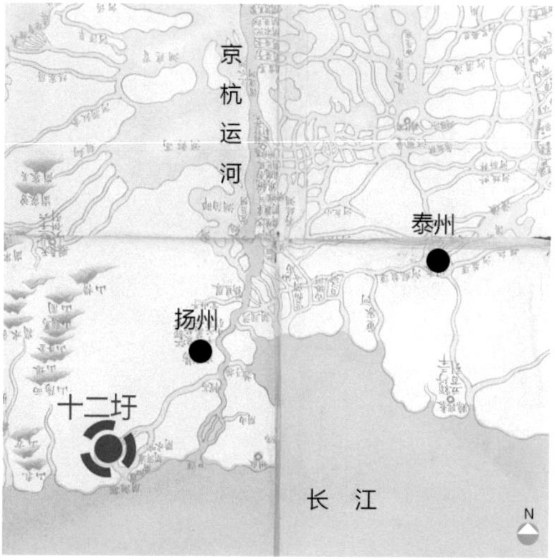

注：底图来自《两淮盐场及四省行盐图》。

图 5-2　清代仪征十二圩区位图

① （清）张兆栋修，（清）何绍基纂：《山阳县志》卷十九，清同治十二年刻本。
② （清）黄均宰：《金壶七墨》卷一，清同治十二年刻本。

十二圩。此后数十年，十二圩一直作为淮南盐分销湖南、湖北、江西、安徽的中转站，并由此兴旺起来。上海、安徽、湖南等地的盐商纷至沓来，其中尤以徽商为最。一时间，这座江边小镇常住人口高达15万，直接参加盐务的劳工就有5万，苏、皖、鄂、湘、赣各省人士聚居，十八帮会馆共存，水上帆樯林立，岸边房屋栉比，商业日益繁盛。但随着淮南盐业的式微，大批盐商撤离十二圩。不仅如此，原本随着盐业发展起来的商业和其他行业也随之没落。如今的十二圩人烟稀少，许多极具历史价值的建筑都已落锁或转作他用，昔日人头攒动、往来不绝的繁荣景象早已成为记忆，并随着时间的流逝一并封存（图5-3）。

图5-3 仪征十二圩老街现状

第二节

两淮盐运分区与建筑文化分区

盐业活动促进了盐区内文化的交流，不同的盐区也形成了自己的文化交流区。在两淮盐区，长期稳定的盐运分区、销岸制度及产运销活动对苏、皖、豫、赣、湘、鄂六省盐区内的聚落与建筑产生了潜移默化的影响。下文即以淮北盐区为例，详细分析盐业运销与建筑文化分区之间的关联。

基于山川、河流等自然环境条件和盐业活动而形成的盐运分区与建筑文化分区具有一定的重合性。以民居为例，民居是最为常见的建筑类型之一，其建筑风格受多种因素影响，如社会因素、经济因素、自然环境因素、人文因素等，而盐运分区同样受自然环境、社会、经济等因素的影响，故盐运分区与建筑文化分区之间出现了一定的重合（图 5-4、图 5-5）。建筑学界以淮河和长江作为分界线，将安徽、江苏两省淮河以北的传统民居称为皖北、苏北民居，淮河以南、长江以北的传统民居称为江淮民居，长江以南的传统民居称为皖南、苏南民居。其中安徽的江淮地区又因研究较深而细分为皖西民居、江淮民居、皖西南民居。

这种基于行政区划和自然地理分区而作的建筑文化分区是简单而又清晰明了的，但是商人并不会因为行政划分、河流山脉的阻挡而局限其经商活动范围。若一条河流具备良好的通航能力，那它将会是河流沿线地区文化交流的媒介，而不会阻隔文化的传播。下文以淮北盐区为例进行说明。

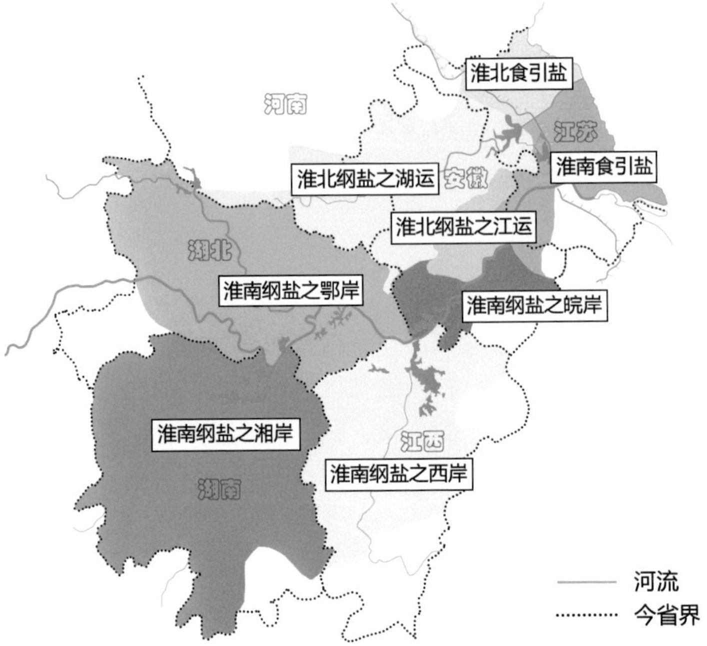

图 5-4　两淮盐运分区示意图

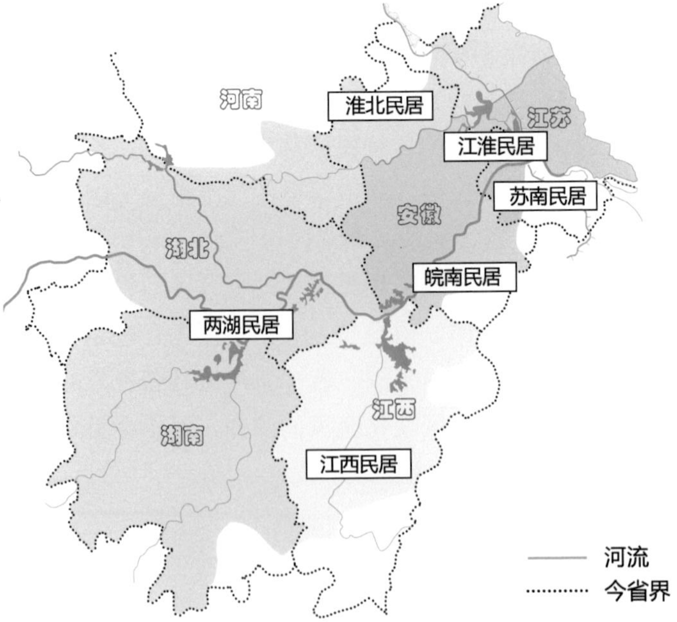

图 5-5　两淮传统民居分区示意图

（一）淮北盐区安徽片区

淮北盐在安徽段有两个主要的运输方向，一个是沿着淮河进行运输，另一个是沿着长江运输，由此也造就了两条运输线路上建筑的差异性。以淮河段为例：安徽省淮河以北的传统民居称为皖北民居，但以盐商为主的商人群体在淮河流域经商贩卖食盐时，既可以通过淮河进入北岸支流涡河流域，也可通过淮河进入南岸淠河流域，因此现实中淮河流域的南北往来是畅通无阻的，两岸的文化交流包括建筑文化的交流也较为频繁。从这种意义上来说，淮河流域的建筑可作为一个整体来研究。

（二）淮北盐区江苏片区

苏北地区一般指徐州、连云港、宿迁三市及其所辖区县。在明清几百年的大部分时间里，除徐州治所铜山及其所辖砀山、沛县、丰县食山东盐，其余皆食淮北盐，清末，徐州等地亦改食淮北盐。在这几百余年里，连云港地区的食盐源源不断地运往淮安，再经淮安运送至各处，产盐区连云港与淮安等地一直保持着频繁、持续的密切交流。食盐作为物质媒介，见证了苏北地区小范围的文化交流活动。建筑学界的传统做法是将淮安纳入江淮建筑文化分区中，殊不知淮安同连云港等地的建筑文化具有较大的相似性，不应将淮安与连云港等地划入两类不同的建筑文化分区之中。

（三）淮北盐区河南片区

淮北盐在明代行销河南汝宁府、南阳府和陈州二府一州，清代行销汝宁府、光州，汝宁府毗邻河东盐区与山东盐区。淮河上游流经河南东南部，水量较小，支流为季节性河流，故时有水运不济转陆运的情况，淮北盐运输至河南境内行程较长。清代因种种原因，南阳府被划出淮北盐销区，改食河东盐，但是这并不能说明两地的经济文化交流受到了很大阻隔，曾经作为同一盐区的文化交流印记至今在其建筑风格上仍可看出。在河南传统民居划分中，将南阳、汝宁的传统民居统称为豫南民居，说明南阳与汝宁的建筑风格是极为相似的，且两地的经济文化往来十分密切，这有历史的根源。

不同盐区的聚落有着不同的建筑风格和特色，而同一盐区因内部文化交流更为密切，建筑风格与特色就较为相似。就整个淮北盐区而言，盐商数百年稳定的行盐经商活动打破了省与省之间的边界，使盐区成为一个稳定的文化交流区。在一个大的盐运分区中，每一条运输线路所覆盖区域又形成一个相对较小的文化交流区，每一小的文化交流区都有自身的建筑、文化特色。

两淮盐区北部毗邻山东、长芦、河东盐区，南部与四川、两广、福建、两浙盐区相连，串联了除自身和云南盐区之外的所有盐区，覆盖范围广、运销距离长和苛税重造成了边界盐价过高，从而受私盐影响也最大。为限制私盐倾销，统治者所采取的措施之一便是调整盐区边界。以淮北盐区为例，自明代食淮北盐的南阳府、陈州、归德府，到清代逐渐被划入河东盐、长芦盐、山东盐销区，凤阳府的宿州也改食山东盐，造成这种盐区边界变动的原因之一便是当地存在淮盐价格高昂导致长芦、山东的私盐侵销的情况。

这种盐区边界的调整会使区域内以及邻近地区的建筑带上明显的两地特色。笔者在淮北盐区边界调研过程中发现，皖北民居受北方民居影响较大、苏北民居也与鲁南民居有部分相似之处。如亳州张虚谷住宅、马玉昆故居等典型民居均为北方合院民居建筑样式，入口大门为典型的北方样式（图 5-6）。再如苏北民居常用的金字梁这一民居结构形式，与鲁南民居的极为相似；皖北宿州段因明清时期黄河夺淮的影响改食山东盐，故宿州地区与山东地区的一些饮食文化、方言甚至生活习惯都是较为相似的。

两淮盐区是明清时期我国面积最大的盐区，全国盐税中两淮占比最大，淮盐运销范围最广，两淮盐区经济最繁荣、文化最昌盛，人口也最为稠密，有关两淮盐区的研究极具前景，但受历史上黄河多次夺淮的影响，淮河流域的古建筑遭受严重破坏，案例样本数量

A. 张虚谷住宅

B. 马玉昆故居

图 5-6 亳州张虚谷住宅、马玉昆故居入口样式

较少。长江流域自古经济繁荣，其沿线地区影响文化的因素众多，不能“以盐概全”，故本书仅对两淮盐区盐运古道上的聚落与建筑因盐运而产生的整体关联性展开研究，揭示了其中存在的一些规律性问题，而关于两淮盐运古道上的聚落与建筑仍有更多细节问题还有待下一步的深入研究。

附录

附录一

两淮行盐表

淮北纲盐额行各府州县口岸			
安徽（四府三直隶州，额行十九万二千五百三十四引）	凤阳府（一州五县，谨按凤台系寿州分县，县盐设店城北分销，州盐设店城南分销，一州五县，额行共四万五千三百九十五引，外宿州一州行山东盐）	凤阳县	既归并临淮县，额行并新增加带共六千六百二十四引，由淮乌沙河过洪泽湖，经盱眙、泗州共五百五十里至本县城，水大，用小船驳载十里，水涸，陆运十里抵府
		怀远县	额行并新增加带共四千一百十引，由乌沙河过洪泽湖，经盱、泗、五、临共五百七十五里抵县
		定远县	额行并新增加带共九千三百九十四引，由乌沙河过洪泽湖，经盱、泗、五、临六百三十里至怀远县新城口，水大，用小船驳载至十里，水涸，陆运五十里至北垆桥，又陆运九十里抵县
		灵璧县	额行并新增加带共五千二百十二引，由乌沙河过洪泽湖，经盱、泗、五河共四百四十里，再从支河达浍河五十里抵县
		寿州	额行并新增加带共一万四千六百二十四引，由乌沙河过洪泽湖，经盱、泗、五、临、怀七百八十五里抵州
		凤台县	额行并新增加带共五千四百三十一引，由乌沙河过洪泽湖，经盱、泗、五、临、怀共七百八十五里抵县
	泗州（谨按一州三县，额行共一万七千六百三十引）	泗州	归并虹县，额行并新增加带共五千九百十八引，由乌沙河过洪泽湖共四百四十里，再由支河六十里抵州
		盱眙县	额行并新增加带共三千八百七十四引，由乌沙河过洪泽湖，至第一山下盱河，共二百五十二里抵县
		五河县	额行并新增加带共四百八十二引，由乌沙河过洪泽湖，经盱、泗，共四百四十里抵县
		天长县	额行并新增加带共七千三百五十六引，由乌沙河经宝应、高邮，过高邮湖，共三百里抵县

（续表）

	庐州府（谨按一州四县，额行共五万七千一百十六引）	合肥县	额行并新增加带共二万三千六百五十引，由乌沙河经瓜洲出江，过采石，进裕溪口，至无为州境之黄雒河换船，驳运过巢湖，共一千三里抵县
		巢县	额行并新增加带共六千一百六引，由乌沙河经瓜洲出江，过采石，进裕溪口，至黄雒河换船驳运，共八百十五里抵县
		庐江县	额行并新增加带共八千六百九十引，由乌沙河经瓜洲出江，过采石，进裕溪口，至黄雒河换船驳运，共九百六十六里抵县
		无为州	额行并新增加带共八千四百五十四引，由乌沙河经瓜洲出江，过采石，进裕溪口，至黄雒河换船驳运，共八百二十一里抵州
		舒城县	额行并新增加带共一万二百十六引，由乌沙河经瓜洲出江，过采石，进裕溪口，至无为境之运漕，换船过巢湖，至县境之桃溪镇陆运，共一千八十里抵县
	六安州（谨按一州二县，额行共二万一千二百五十四引）	六安州	额行并新增加带共一万二千四百四十八引，由乌沙河过洪泽湖，经盱、泗、五、临、怀、寿、凤九百二十里至正阳关，小船驳运一百八十里抵州
		霍山县	额行并新增加带共七千六百三十二引，由乌沙河过洪泽湖九百二十里至正阳关，小船驳运三百里抵州
		英山县	额行并新增加带共一千一百七十四引，由乌沙河过洪泽湖九百二十里至正阳关，小船驳运三百里至霍山县，陆运三百六十里抵县
	安庆府（谨按外怀、宣、宁等五县行淮南纲盐）	桐城县	额行并新增加带共一万五百七十二引，由乌沙河经瓜洲出江，过芜湖进三江口至县境之枞阳镇，驳运入孔城镇，共一千一百四十里，又陆运三十里抵县
	滁州（谨按一州一县，额行共六千五百七十六引，外全椒一县行淮南食盐，又按淮北引盐向无江运，为庐州府于乾隆五十六年经盐政全德奏准，改从江运，其后滁州、来安各口岸亦如之）	滁州	额行并新增加带共四千三百四十六引，由乌沙河经瓜洲出江，至仪征县境进段腰口，由六合县境入乌衣镇，换船驳运，共七百四十六里抵州
		来安县	额行并新增加带共二千二百三十引，由乌沙河经瓜洲出江，至进段腰口，入乌衣镇，换船驳运，共七百二十六里至水口，陆运四十里抵县

（续表）

	颍州府（谨按一州五县，额行共三万三千九百九十一引）	阜阳县	额行并新增加带共九千九百四十九引，由乌沙河过洪泽湖，经盱、泗、五、临、怀、寿、凤九百二十里至正阳关，小船驳运一百二十七里抵县
		颍上县	额行并新增加带共四千六十七引，由乌沙河过洪泽湖九百二十里至正阳关，小船驳运七十里抵县
		霍丘县	额行并新增加带共八千一百四十一引，由乌沙河过洪泽湖九百二十里至正阳关，小船驳运，由濛河口二百四十里抵本县三刘集
		亳州	额行并新增加带共五千三十三引，由乌沙河过洪泽湖，经盱、泗、五、临六百三十里至怀远县河口，再由支河经蒙城九十六里抵州
		蒙城县	额行并新增加带共三千一百九十九引，由乌沙河过洪泽湖六百三十里至怀远河口，再由支河入十四里抵县
		太和县	额行并新增加带共三千六百二引，由乌沙河过洪泽湖九百二十里至正阳关，小船驳运二百九十八里抵县
河南省（一府一直隶州，额行七万七千七百三十八引）	汝宁府（谨按一州八县，额行共四万二千三十八引）	汝阳县	额行并新增加带共八千五百七十二引，由乌沙河过洪泽湖，经盱、泗、五、临、怀、寿、凤九百二十里至正阳关，小船驳运经颍埠入小洪河三百九十里至扬埠，又陆运九十里抵府
		正阳县	额行并新增加带共三千八百七十六引，由乌沙河过洪泽湖九百二十里至正阳关，小船驳运经南照三汊口入汝河至寒冻店四百七十里，河滩水涸，陆运六十里抵县
		上蔡县	额行并新增加带共三千八百七十六引，由乌沙河过洪泽湖九百二十里至正阳关，小船驳运经南照三汊口入洪河五百五十里至贺道桥，又陆运六十里抵县
		新蔡县	额行并新增加带共四千一百十引，由乌沙河过洪泽湖九百二十里至正阳关，小船驳运经南照三汊口入洪河四百九十里至张六庙，又陆运五里抵县
		西平县	额行并新增加带共三千一百七十引，由乌沙河过洪泽湖九百二十里至正阳关，小船驳运五百五十里至贺道桥，又陆运一百十五里抵县

（续表）

	汝宁府（谨按一州八县，额行共四万二千三十八引）	遂平县	额行并新增加带共一千七百六十引，由乌沙河过洪泽湖九百二十里至正阳关，小船驳运五百五十里至贺道桥，又陆运一百里抵县
		确山县	额行并新增加带共三千一百七十引，由乌沙河过洪泽湖九百二十里至正阳关，小船驳运经颍埠入小洪河三百九十里至扬埠，又陆运一百八十里抵县
		信阳州	额行并新增加带共六千四百五十八引，由乌沙河过洪泽湖九百二十里至正阳关，小船驳运经南照三河尖、乌龙集、五里店六百四十里，水涸，自五里店陆运一百二十里抵县
		罗山县	额行并新增加带共七千四十六引，由乌沙河过洪泽湖九百二十里至正阳关，小船驳运经南照三河尖、周家店七百五十里，水涸，自周家店陆运三十里抵县
	光州（谨按一州四县，额行共三万五千七百引）	光州	额行并新增加带共一万二百十六引，由乌沙河过洪泽湖九百二十里至正阳关，小船驳运经南照三河尖、张庄集五百十里抵州
		固始县	额行并新增加带共一万一千七百四十四引，由乌沙河过洪泽湖九百二十里至正阳关，小船驳运经南照三河尖三百三十里抵县
		光山县	额行并新增加带共四千六百九十六引，由乌沙河过洪泽湖九百二十里至正阳关，小船驳运经南照三河尖、张庄集、光州七百里抵县
		息县	额行并新增加带共五千五十引，由乌沙河过洪泽湖九百二十里至正阳关，小船驳运经南照三河尖、张庄集、光州六百三十里至临河庄，又陆运五十里抵县
		商城县	额行并新增加带共三千九百九十四引，由乌沙河过洪泽湖九百二十里至正阳关，小船驳运经南照三河尖三百三十里至固始县，又陆运九十里抵县

注：据嘉庆《两淮盐法志》整理。

<table>
<tr><th colspan="4">淮北食盐额行各府州县口岸</th></tr>
<tr><td rowspan="8">江苏省（二府一直隶州，额行二万六千七百十引）</td><td rowspan="3">淮安府（谨按三县，额行一万三千四百四十引，原食纲盐后改食引盐，外安东等三县逼近盐场例不销引）</td><td>山阳县</td><td>额行一万二百五十引，盐抵淮所掣过即分发本县行销</td></tr>
<tr><td>桃源县</td><td>额行九百七十引，盐抵永丰坝掣过，上黄河船一百里抵县</td></tr>
<tr><td>清河县</td><td>额行二千二百二十引，盐抵永丰坝掣过，上黄河船四十里抵县</td></tr>
<tr><td rowspan="3">徐州府（谨按一州二县，额行一万一千九百七十引，外铜山等五州县行山东盐）</td><td>邳州</td><td>额行四千一百八十引，盐抵永丰坝掣过，上黄河船，经宿迁进小河口四百十里抵州</td></tr>
<tr><td>宿迁县</td><td>额行六千二百四十引，盐抵永丰坝掣过，上黄河船一百六十里抵白洋河发县行销</td></tr>
<tr><td>睢宁县</td><td>额行一千五百五十引，盐抵永丰坝掣过，上黄河船一百六十里，至找沟又陆运四十里抵县</td></tr>
<tr><td rowspan="2">海州（谨按二县，额行共一千三百引，本州逼近盐场例不销引）</td><td>赣榆县</td><td>额行六百引，由临兴场掣过，五十五里抵清口发县行销</td></tr>
<tr><td>沭阳县</td><td>额行七百引，由板浦场掣过，自河口经王家庄火星庙二百六十里抵县</td></tr>
</table>

注：据嘉庆《两淮盐法治》整理。

淮南纲盐额行各府州县口岸			
安徽省（三府，额行九万四千八百九十七引）	安庆府（谨按五县，额行共五万一千九引，外桐城一县行淮北纲盐）	怀宁县	额行并加丁共一万四千六百六十八引，自仪征出江，经芜湖共八百七十里抵府
		潜山县	额行并加丁共五千八十七引，自府换小船，行山河一百二十里抵县
		太湖县	额行并加丁共五千六百八引，自府换小船，行山河二百三十里抵县
		宿松县	额行七千三百八十引，自府经吉水镇用小船驾至泊涝河，三百九十里抵县
		望江县	额行一万八千二百六十六引，自府经磨盘洲至吉水镇，一百二十里抵县
	池州府（谨按六县，额行共二万四千四百十八引）	贵池县	额行并加丁共一万二百四十引，自仪征出江，过采石，经池口，共七百五十里抵府
		青阳县	额行并加丁共二千三百十九引，出江七百五里抵池口，再由大通入山，竹箄曳浅一百八十里抵县
		铜陵县	额行并加丁共四千一百十引，自仪征出江，经荻港，共五百八十五里抵县
		石埭县	额行并加丁共四百四十九引，自仪征出江，七百五十里抵池口，由府再六十里至殷家会，如水涨，用箄运一百八十里；水涸，自青草牌挑运二百里抵县
		建德县	额行五千一百四十引，自仪征出江，过池口八百八十六里至东流，从山河运六十里，如水涸，则陆运三十六里抵县
		东流县	额行二千一百六十引，自仪征出江七百五里，抵池口，再由黄溢炭埠一百八十里抵县
	太平府（谨按三县，额行共一万九千四百七十引）	当涂县	额行并加丁共四千六十引，自仪征出江至采石，二百六十五里抵府
		芜湖县	额行并加丁共一万二千三百十引，自仪征出江，过采石，共三百六十五里抵县
		繁昌县	额行三千一百引，自仪征出江，经采石、芜湖关，进澛港，共四百六十五里抵县

（续表）

江西省（十府一厅，额行四十万九千一百四十六引）	南昌府（谨按一州七县，额行共十二万五千一百二十五引）	南昌县	额行三万二千八百八十引，自仪征出江，至九江，进湖口，过青山一千四百六十里，抵府蓼洲（谨按：江西省盐船由湖口县入境，过鄱阳，经吴城，至省城蓼洲挑运入仓分售，水贩运销各府州县，程途悉从蓼洲起算）
		新建县	额行三万二百五十引，程途同南昌
		丰城县	额行二万二百五十三引，自蓼洲进天港口，一百二十里抵县
		进贤县	额行一万四千八百六十六引，由蓼洲生米滩过滁汊上林一百二十里抵县
		奉新县	额行一万八百九十五引，由蓼洲经樵舍，进小河三百五十里抵县
		靖安县	额行一千九百四十八引，由蓼洲经樵舍，进建昌三百八十里抵县
		武宁县	额行三千八百九十三引，由蓼洲经樵舍，进建昌涂埠二百四十里抵县
		义宁州	额行一万一百三十六引，由蓼洲经樵舍，进建昌、武宁三百六十里抵州
	饶州府（谨按七县，额行共十万二千一百三十七引）	鄱阳县	额行三万五千五百二十七引，自仪征出江，进湖口，过青山，经都昌、康山一千三百五十里抵府
		余干县	额行一万五千二百七十引，由府南一百二十里抵县
		乐平县	额行一万五千八百九十二引，由府东一百二十里抵县
		浮梁县	额行一万九百十引，由府东北经景德镇一百八十里抵县
		德兴县	额行八千九百七十四引，由府东二百四十里抵县

（续表）

		安仁县	额行九千四百引，由府南二百七十里抵县
		万年县	额行六千一百六十四引，由府南一百二十里抵县
	南康府（谨按四县，额行共一万三千四百七引）	星子县	额行一千八百五十一引，由蓼洲下吴城，经渚溪三百十里抵府
		都昌县	额行三千八百九十六引，由府过湖一百二十里抵县
		建昌县	额行五千九百二十三引，由蓼洲经樵舍，进小河一百二十里抵县
		安义县	额行一千七百三十七引，由蓼洲经樵舍至万埠一百八十里抵县
	九江府（谨按五县，额行共一万三千六百四十八引）	德化县	额行并归并湖北蕲州小江口共五千二百三十一引，由蓼洲北下吴城、都昌、湖口，经白水港三百四十里抵府
		德安县	额行一千一百二十四引，由府西一百二十里抵县
		瑞昌县	额行一千一百六十引，由府西九十里抵县
		湖口县	额行一千二百八十五引，由蓼洲下吴城经都昌四百二十里抵县
		彭泽县	额行四千八百四十八引，由蓼洲经都昌、湖口，南行五百五十里抵县
	建昌府（谨按五县，额行共七千五百九十引）	南城县	额行一千九百二十五引，由蓼洲、章江、滁汉、拓林、池港过抚州三百六十里抵府
		新城县	额行并加丁共一千九百十一引，由府东南九十里抵县
		南丰县	额行并加丁共二千二百四十一引，由府南一百二十里抵县

（续表）

		广昌县	额行九百七十五引，由府西南二百四十里抵县
		泸溪县	额行五百三十八引，由府东北一百四十里抵县
	抚州府（谨按六县，额行共四万七千五百五十三引）	临川县	额行一万六千二百九十引，由蓼洲至滁汊、三江口，入抚河，二百四十里抵府
		金溪县	额行九千一百七十四引，由府东一百十里抵县
		崇仁县	额行六千八百三十三引，由府西一百二十里抵县
		宜黄县	额行五千七百六十五引，由府南一百二十里抵县
		乐安县	额行五千六百六十六引，由蓼洲至新淦、峡江、吉水六百九十里抵县
		东乡县	额行三千八百二十五引，由府东七十里抵县
	临江府（谨按四县，额行共一万九千一百六十五引）	清江县	额行四千九百十引，由蓼洲上市汊，经樟树镇二百七十里抵府
		新淦县	额行五千八百三十四引，由蓼洲上市汊，经樟树镇二百四十里抵县
		新喻县	额行四千五百九十五引，由蓼洲上市汊，入临江河，一百二十里抵县
		峡江县	额行三千八百二十六引，由蓼洲上市汊，经沙湖二百八十里抵县
	吉安府（谨按一厅九县，额行共五万一千五百四引）	莲花厅	额行一千七百三十四引
		庐陵县	额行一万七千七百二十八引，由蓼洲经樟树镇、吉安河五百九十里抵府

（续表）

		泰和县	额行八千二百六十八引，由府经龙泉江口南行八十里抵县
		吉水县	额行四千二百三十四引，由蓼洲经三曲滩五百十里抵县
		永丰县	额行并加丁共四千一百八十四引，由蓼洲经市汉、丰城、吉水五百八十五里抵县
		安福县	额行三千八百六十引，由府进敖城小河西行一百二十里抵县
		龙泉县	额行二千七百八十七引，由府西南进泰和河口二百七十里抵县
		万安县	额行四千二百二十九引，由府南经泰和一百八十里抵县
		永新县	额行三千八百三十引，由府小河西行，经安福上坪二百里抵县
		永宁县	额行六百五十引，由府小河西行，经安福、永新二百八十里抵县
	瑞州府（谨按三县，额行共一万五千二百四十四引）	高安县	额行六千七百三十一引，由蓼洲上生米滩，西进瑞河口二百里抵府
		新昌县	额行四千九百四十三引，由府经灰埠墟一百二十七里抵县
		上高县	额行三千五百七十引，由府经灰埠墟一百里抵县
	袁州府（谨按四县，额行共一万三千七百七十三引）	宜春县	额行四千七十九引，由吴城上经丰城西达分宜，六百八十五里抵府
		分宜县	额行二千四百六十二引，由吴城上经丰城西达新喻，五百八十五里抵县
		萍乡县	额行三千六百三十四引，由府北一百四十里抵县
		万载县	额行三千五百九十八引，由吴城西进瑞河，经新昌五百八十里抵县

（续表）

<table>
<tr><td rowspan="13">湖北省（九府一直隶州，额行五十五万九千六百十引）</td><td rowspan="10">武昌府（谨按一州九县，额行共十七万七千一百三十引）</td><td>江夏县</td><td>额行十万六千二百五十引，自仪征出江，一千六百六十里至汉口，又过江七里抵府（谨按：湖北省盐船过湖口县入境，经黄梅、武昌抵汉口停泊，分销各府州县，程途悉从汉口起算）</td></tr>
<tr><td>武昌县</td><td>额行八千五十引，自汉口下阳逻、经黄州、进樊口共一百八十里抵县</td></tr>
<tr><td>嘉鱼县</td><td>额行一万四千九百七十引，由汉口绕武昌，过簰洲，共二百四十里抵县</td></tr>
<tr><td>蒲圻县</td><td>额行一万一千七百五十引，自汉口过簰洲，进六溪，经新店，共三百里抵县</td></tr>
<tr><td>咸宁县</td><td>额行五千六百四十引，由汉口经武昌府，进金口，共三百里抵县</td></tr>
<tr><td>崇阳县</td><td>额行五千六百四十引，由汉口上嘉鱼，进六溪，经蒲圻，共五百里抵县</td></tr>
<tr><td>通城县</td><td>额行四千八百五十引，由汉口上嘉鱼，进六溪，经崇阳，共六百五十里抵县</td></tr>
<tr><td>兴国州</td><td>额行九千六百六十引，由汉口下阳逻，进富池，共四百二十里</td></tr>
<tr><td>大冶县</td><td>额行六千四百五十引，由汉口下阳逻，进富池，过兴国，共四百三十里抵县</td></tr>
<tr><td>通山县</td><td>额行三千八百七十引，由汉口下阳逻，进富池，入杨辛，共六百三十里抵县</td></tr>
<tr><td rowspan="3">汉阳府（谨按一州四县，额行共十三万七千六百四十引）</td><td>汉阳县</td><td>额行八万三千七百引，由汉口五里抵府</td></tr>
<tr><td>汉川县</td><td>额行三万二千二百引，由汉口经汉阳，进云口，共一百八十里抵县</td></tr>
<tr><td>孝感县</td><td>额行八千六十引，由汉口西进汉川至赤岸，过永兴，共二百七十里抵县</td></tr>
</table>

（续表）

		黄陂县	额行八千五十引，由汉口入五同口，进滠口，共一百三十里抵县
		沔阳州	额行五千六百三十引，由汉口过云口，入沙湖，共四百八十里抵州
	安陆府（谨按四县，额行共二万二千六百八十四引）	钟祥县	额行一万七千七百引，由汉口西进仙桃镇，过沙洋，经旧口，共八百三十里抵府
		京山县	额行并加丁共一千九百十四引，由汉口经景阳，共三百五十里抵县
		潜江县	额行一千九百四十引，由汉口过云口，又经泽口，共五百里抵县
		天门县	额行一千一百三十引，由汉口镇过云口，又经仙桃镇，共三百六十里抵县
	荆门州（谨按一州二县，额行共五千三百一十引）	荆门州	额行三千二百二十引，由汉口经云口，入策口，进长湖，共八百二十里抵州
		当阳县	额行一千六百一十引，由汉口进荆河，由沙市入西河，共一千五百里抵县
		远安县	额行四百八十引，由汉口上簰洲，进荆江至荆州，由沙市入西河，共一千三百里抵县
	襄阳府（谨按一州六县，额行共二万九千八百引）	襄阳县	额行二万二千五百五十引，由汉口进沙洋经遥湾，共一千一百二十里抵府
		宜城县	额行三千六十引，由汉口进沙洋，经丰乐河进遥湾，共一千八十里抵县
		南漳县	额行八百引，由汉口进沙洋，过丰乐河进遥湾，经宜城，共一千三百四十里抵县
		枣阳县	额行九百七十引，由汉口进沙洋，经丰乐河进双沟，共一千四百里抵县

（续表）

		谷城县	额行九百七十引，由汉口进沙洋，经丰乐河、襄阳，共一千四百里抵县
		光化县	额行六百五十引，由汉口进沙洋，经襄阳、樊城，共一千四百五十里抵县
		均州	额行八百引，由汉口进沙洋，经丰乐河、襄阳，共一千五百八十里抵州
	郧阳府（谨按六县，额行共六千四百八十引）	郧县	额行一千一百三十引，由汉口进汉江，经安陆、襄阳，共一千七百三十里抵府
		房县	额行四百引，由汉口进汉江，经安陆、襄阳，共一千七百三十里至府，地多山岭，陆运抵县
		竹山县	额行六百五十引，由汉口进汉江，经安陆、襄阳，共二千三百四十里抵县
		竹溪县	额行二千七百五十引，由汉口进汉江，经安陆、襄阳，共一千七百三十里至府，地多山岭，陆运抵县
		保康县	额行六百五十引，由汉口进汉江，经安陆、襄阳，共一千七百三十里至府，地多山岭，陆运抵县
		郧西县	额行并归并上津县共九百引，由汉口进汉江，经安陆、襄阳，共一千七百三十里至府，又陆运一百六十里抵县
	德安府（谨按一州四县，额行共一万七千四百九十八引）	安陆县	额行七千一百引，由汉口西进汉川至赤岸，入永兴，共三百六十里抵府
		云梦县	额行三千二百三十引，由汉口进汉川至赤岸，过永兴，共二百八十里抵县
		应城县	额行一千三百引，由汉口进汉川至赤岸，共三百八十里抵县
		随州	额行并加丁共四千六百八十六引，由汉口进汉川至赤岸，入永兴、德安，共五百七十里抵州
		应山县	额行并加丁共一千一百八十二引，由汉口进汉川至赤岸，入永兴，经德安，共三百六十里抵县

（续表）

	黄州府（谨按一州七县，额行共十万一千四百十二引）	黄冈县	额行二万四千一百五十引，由汉口下阳逻、李坪，共一百八十里抵府
		黄安县	额行四千八百三十引，由汉口下阳逻进鹅颈，经宋埠，共三百三十里抵县
		蕲水县	额行一万六千一百引，由汉口下阳逻进巴镇，共三百十里抵县
		罗田县	额行四千八百三十引，由汉口下阳逻进蕲水，共四百六十里抵县
		麻城县	额行一万一千二百六十引，由汉口下阳逻，进宋埠，共三百十里抵县
		蕲州	额行一万七千六百九十二引，由汉口下阳逻，经巴、兰二镇，共三百六十里抵州
		广济县	额行一万四千五百引，由汉口下阳逻，过蕲州下田镇，共四百三十里抵县
		黄梅县	额行八千五十引，由汉口下阳逻，过蕲州、广济至龙坪，共五百四十里抵县
	荆州府（谨按七县，额行共五万五千四百三十引）	江陵县	额行三万五千四百五十引，由汉口进策口，过长湖，至草市，共七百二十里抵府
		公安县	额行三千二百二十引，由汉口上簰洲，进荆江，经石首，共八百七十里抵县
		石首县	额行三千二百二十引，由汉口上簰洲，进荆江，经尾子湾，共八百里抵县
		监利县	额行八千八百五十引，由汉口经云口，过沙湖，至朱家河，共七百五十里抵县
		松滋县	额行一千七百七十引，由汉口上簰洲，进荆江，经公安，共一千五里抵县
		枝江县	额行一千六百二十引，由汉口上簰洲，进荆江，过虎渡河，共八百八十里抵县

（续表）

		宜都县	额行一千三百引，由汉口上簰洲，进荆江，经虎渡河，共一千一百五十五里抵县
	宜昌府（谨按一州四县，额行共三千七百引）	东湖县	额行一千三百引，由汉口上簰洲，进荆江，经宜都，共一千二百六十里抵府
		归州	额行四百八十引，由汉口上簰洲，进荆江，经东湖，共一千五百里抵州
		长阳县	额行六百四十引，由汉口上簰洲，进荆江，经宜都，共一千二百六十里抵县
		兴山县	额行六百四十引，由汉口上簰洲，进荆江，经东湖，共一千四百十里抵县
		巴东县	额行六百四十引，由汉口上簰洲，进荆江，经归州，共一千五百里抵县
湖南省（九府一厅二直隶州，额行二十二万三百十六引）	长沙府（谨按一州十一县，额行共三万二千二百七十引）	长沙县	额行一万二千九百引，由汉口过洞庭湖入口，共八百三十里抵府
		善化县	额行八百引，程途同长沙
		湘潭县	额行二千九百引，由汉口过洞庭湖经长沙，共九百六十里抵县
		湘阴县	额行一千七百七十引，由汉口过洞庭湖进口，共六百七十五里抵县
		宁乡县	额行三千二百三十引，由汉口过洞庭湖进湘阴，共七百三十五里抵县
		浏阳县	额行一千一百三十引，自汉口过洞庭湖进湘阴，共七百三十五里抵县
		醴陵县	额行九百六十引，由汉口过洞庭湖进长沙河，共九百五十里抵县

（续表）

		益阳县	额行三千二百三十引，由汉口过洞庭湖进口，共八百五十里抵县
		湘乡县	额行一千三百引，由汉口过洞庭湖进口，共一千二十五里抵县
		攸县	额行一千三百引，由汉口过洞庭湖进长沙河，共一千三百四十里抵县
		安化县	额行一千一百三十引，由汉口过洞庭湖经湘潭，共一千二百里抵县
		茶陵州	额行一千六百二十引，由汉口过洞庭湖经攸县，共一千四百三十里抵县
	岳州府（谨按四县，额行共二万五千一百十引）	巴陵县	额行一万九千引，自汉口下簰洲至城陵矶，共五百五十里抵府
		临湘县	额行三千二百二十引，由汉口下簰洲经嘉鱼，共五百五十府抵县
		华容县	额行一千九百三十引，自汉口下簰洲过洞庭湖进沅口，共五百五十五里抵县
		平江县	额行九百六十引，由汉口下簰洲经岳州入河口，共七百二十里抵县
	澧州（谨按一州三县，额行共二万三千一百七十九引）	澧州	额行二万六百引，由汉口过洞庭湖进沅口经安乡，共七百五里抵州
		石门县	额行四百八十引，由汉口过洞庭湖进沅口经澧州，共八百二十五里抵县
		安乡县	额行四百八十引，由汉口过洞庭湖进沅口经华容，共六百六十五里抵县
		慈利县	额行一千六百十九引，由汉口过洞庭湖进沅江经石门，共九百九十里抵县

（续表）

	宝庆府（谨按一州四县，额行共二万九千五百六十引）	邵阳县	额行八千八百九十引，由汉口过洞庭湖入益阳河经新化，共一千四百里抵府
		新化县	额行六千八百九十引，由汉口过洞庭湖入益阳河经安化，共一千三百三十里抵县
		城步县	额行一千八百四十八引，由汉口过洞庭湖入益阳河经新化，共一千五百里抵县
		武冈州	额行八千二百三十七引，由汉口过洞庭湖入益阳河经宝庆府，共一千六百八十里抵州
		新宁县	额行三千六百九十五引，由汉口过洞庭湖入益阳河经宝庆府，共一千五百里抵县
	衡州府（谨按六县，额行共二万四千二十六引）	衡阳县	额行二千七百十六引，由汉口过洞庭湖入长沙河经衡山，共一千二百八十里抵府
		清泉县	额行二千七百十七引，程途同衡阳
		衡山县	额行六千九百十九引，由汉口过洞庭湖入长沙河经湘潭，共一千二百三十里抵县
		耒阳县	额行七千三百二引，由汉口过洞庭湖入长沙河经湘潭，共一千四百五十里抵县
		常宁县	额行一千六百八十五引，由汉口过洞庭湖入长沙河经衡州，共一千三百九十里抵县
		安仁县	额行二千六百八十七引，由汉口过洞庭湖入长沙河经湘潭，共一千四百三十里抵县
	常德府（谨按四县，额行共三万八千六百八十引）	武陵县	额行二万五千八百引，由汉口过洞庭湖进沅江，共九百三十五里抵府
		桃源县	额行八千八百五十引，由汉口至洞庭湖进沅江，共一千一百五里抵县
		龙阳县	额行二千四百二十引，由汉口至洞庭湖进沅江，共八百五十五里抵县
		沅江县	额行一千六百十引，由汉口过洞庭湖进沅江，共八百五十五里抵县

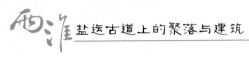

（续表）

	辰州府（谨按一厅四县，额行共一万四千四百十引）	分防永绥厅	额行五百五十引，由汉口过洞庭湖入沅江，经辰州历王村、保靖，共一千九百八十里抵厅
		沅陵县	额行一万二千五百八十引，由汉口过洞庭湖进沅江经桃源，共一千四百里抵府
		泸溪县	额行三百二十引，由汉口过洞庭湖进沅江经桃源，共一千四百五十里抵县
		辰溪县	额行四百八十引，由汉口过洞庭湖进沅江经泸溪，共一千五百里抵县
		溆浦县	额行四百八十引，由汉口过洞庭湖进沅江经桃源，共一千四百五十里抵县
	沅州府（谨按二县，额行共六百四十引）	芷江县	额行三百二十引，由汉口过洞庭湖进沅江经泸溪，共一千五百里抵府
		麻阳县	额行三百二十引，由汉口过洞庭湖进沅江经芷江，共一千五百五十里抵县
	永州府（谨按一州七县，额行共二万八千一百二十引）	零陵县	额行九千四百七十六引，由汉口过洞庭湖入长沙河经衡州，共一千八百三十里抵府
		祁阳县	额行六千六百十三引，由汉口过洞庭湖入长沙河经衡州，共一千六百八十里抵县
		东安县	额行四千六百四十六引，由汉口过洞庭湖进长沙河经衡州，共一千九百七十里抵县
		道州	额行二千八百四十二引，由汉口过洞庭湖入长沙河经衡州，共一千九百二十里抵州
		宁远县	额行一千三百十四引，由汉口过洞庭湖入长沙河经衡州，共一千六百五十里抵县

（续表）

		永明县	额行一千一百九十七引，由汉口过洞庭湖入长沙河经衡州，共一千九百里抵县
		江华县	额行六百九十五引，由汉口过洞庭湖入长沙河经衡州，共一千九百里抵县
		新田县	额行一千三百三十七引，由汉口过洞庭湖入长沙河经衡州，共一千九百里抵县
	靖州（谨按一州三县，额行共一千六百引）	靖州	额行六百四十引，由汉口过洞庭湖入沅江经常德，共一千六百八十里抵州
		会同县	额行三百二十引，由汉口过洞庭湖入沅江经辰州，共一千六百二十里抵县
		通道县	额行三百二十引，由汉口过洞庭湖入沅江经辰州，共一千七百八十里抵县
		绥宁县	额行三百二十引，由汉口过洞庭湖入沅江经辰州，共一千六百八十里抵县
	永顺府（谨按四县，额行共二千七百二十一引）	永顺县	额行一千二十四引，由汉口过洞庭湖入沅江经辰州至王村，共一千八百十三里抵府
		龙山县	额行八百九十一引，由汉口过洞庭湖入沅江经辰州、王村，共二千八十里抵县
		保靖县	额行六百六十三引，由汉口过洞庭湖入沅江经辰州、王村，共一千八百七十里抵县
		桑植县	额行一百四十三引，由汉口过洞庭湖入沅江经辰州、王村，共一千九百八十三里抵县

注：据嘉庆《两淮盐法志》整理。

<table>
<tr><th colspan="4">淮南食盐额行各府州县口岸</th></tr>
<tr><td rowspan="12">江苏省（二府一直隶州，额行十二万一千八百九十五引）</td><td rowspan="7">江宁府（谨按七县，额行共八万九千一百八十五引）</td><td>上元县</td><td>额行二万六千八百六引，由仪征出江至观音门进港，经龙江关浮桥，共一百四十五里抵府</td></tr>
<tr><td>江宁县</td><td>额行二万六千八百六引，程途同上元</td></tr>
<tr><td>句容县</td><td>额行九千七十六引，由仪征出江四十里至河口镇，起卸运七十里抵县</td></tr>
<tr><td>溧水县</td><td>额行八千一百引，由仪征出江，一百四十里至府，从石城桥起驳，换船由秦淮河一百四十里至乌刹桥五十里抵县，如水涸，离城二十里陆运抵县</td></tr>
<tr><td>江浦县</td><td>额行六千五百六十八引，由仪征出江，经六合一百四十里至浦口进港，二十里抵县</td></tr>
<tr><td>六合县</td><td>额行五千引，由仪征出江，经瓜埠七十里抵县</td></tr>
<tr><td>高淳县</td><td>额行六千八百二十九引，由仪征出江，经采石二百六十五里，至太平府进芮家嘴，又一百二十里抵县</td></tr>
<tr><td rowspan="4">扬州府（谨按一州三县，额行二万九千二百十引）</td><td>江都县</td><td>额行一万三千三百五十五引，由北桥掣过，五里抵府城，并分运瓜洲</td></tr>
<tr><td>甘泉县</td><td>额行一万三千三百五十五引，由北桥掣过，五里抵府城，并分运邵伯镇</td></tr>
<tr><td>高邮州</td><td>额行一千九百引，由富安、新兴等场水路，南场二百五十里、北场二百七十里抵州，本州在南门外称掣，于州治行销</td></tr>
<tr><td>宝应县</td><td>额行六百引，由富安、新兴等场水路，南场一百六十三里、北场一百八十五里抵县，本县在东门外称掣，于县治行销</td></tr>
<tr><td>通州（谨按本州并如皋县，逼近盐场，例不销引）</td><td>泰兴县</td><td>额行三千五百引，由场一百二十里至泰州滕家坝，过坝换船，由粑子、明家、鸭子等河一百二十里抵县，本县在北门外称掣，于县治行销</td></tr>
</table>

（续表）

安徽省（一府二直隶州，额行十二万一千四百九十三引）	宁国府（谨按六县，额行共九万六千五百引）	宣城县	额行二万五千七百三十引，一由黄池分运，经水阳、庙埠一百十里抵县；一由湾沚分运，从清水河七十里至黄池，又一百十里抵县，水涸则由庙埠排运十里抵县
		宁国县	额行一万四千一百七十二引，又黄池分运一百十里至宣城，又一百十里至河沥溪；如由湾沚分运，水路二百九十里至沥溪，又陆运五里抵县，水涸则由庙埠排运一百二十里至河沥溪，又陆运至县
		泾县	额行一万四千七百九十四引，由黄池分运，经清水河七十里至湾沚，由湾沚分运，经西河七里至青弋江，又八十里至下坊，又十里抵县
		太平县	额行六千四百二十一引，由黄池分运七十里至湾沚，由湾沚分运经西河、青弋江一百四十里至下坊，又一百七十里抵县
		旌德县	额行一万二千八百三十八引，由黄池分运七十里至湾沚，由湾沚分运，经西河、青弋江一百四十里至下坊，再用排运一百里至三溪，陆运四十里抵县
		南陵县	额行二万二千五百四十五引，由黄池分运七十里至湾沚，自湾沚分运，由小河十里至谢家河，又一百五十里至县，水涸则由西河七十里至青弋江，从陆肩挑六十里抵县
	和州（谨按一州一县，额行共一万七千四百七十八引）	和州	额行一万一千七百七十八引，由仪征出江二百四十里至针鱼嘴，进口十五里抵州
		含山县	额行五千七百引，由仪征出江二百四十里至针鱼嘴，又八十里至汙溪，又九十里抵县
	滁州	全椒县	额行七千五百十五引，由仪征出江至襄河，共四百十里抵县

注：据嘉庆《两淮盐法治》整理。

附录二

两淮盐区部分盐业聚落图表[①]

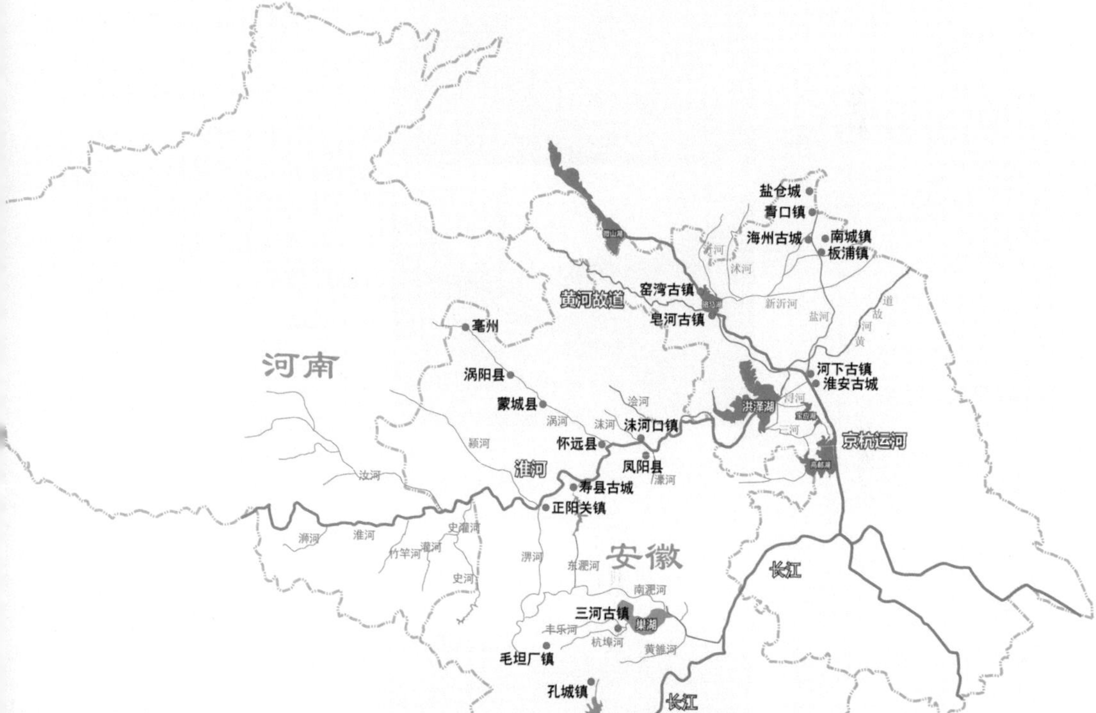

1. 淮北盐区部分盐业聚落图

① 本图表仅呈现了笔者团队在两淮盐区所调研的部分有代表性的盐业聚落。

淮北古盐道沿线城镇聚落[①]				
所属省份	所属市/县	聚落名称	聚落照片	聚落简介
江苏省	连云港市	青口镇☆	 	嘉靖年间，临兴场的盐课司曾设在青口街里。因淮北盐主要依靠水运，故盐商曾先后于青口镇出资建造两座天后宫以祈求平安。区区一镇同时建有两座规模宏大的天后宫，充分反映了当时青口镇盐业、商业之发达。随着现代盐业生产技艺的提高，产盐所用土地逐渐减少，现临兴盐场已转由养殖场使用，繁华的青口镇也随之衰落
		盐仓城☆		盐仓城遗址位于今连云港市赣榆区，原为汉代赣榆县县城所在，因明清在此处建有多座盐仓而得名

① 名称后加“☆”，表示该聚落为产盐聚落；名称后加“⚐”，表示该聚落为运盐聚落。

（续表）

所属省份	所属市/县	聚落名称	聚落照片	聚落简介
		板浦镇☆	 	板浦镇盐业生产规模居淮北三盐场之冠。三场之盐全部通过运盐河运至板浦关后再运往淮安，当其盛时，板浦盐关每天出船达80余艘。板浦镇凭借板浦盐场成为商贾云集之地。镇内原设有盐课司、龙王宫、玄帝庙等建筑
		南城镇☆	 	南城镇始建于六朝时期，明清时期因盐商来到此处经商而获得发展，兴旺时期老街店铺林立，俗语有云：“穿海州，吃板浦，南城是个古财主。”城内现存南门、普照寺、玉皇宫、城隍庙、侯府等建筑，南门是苏北地区目前唯一保存完整的城门

（续表）

所属省份	所属市/县	聚落名称	聚落照片	聚落简介
		海州古城☆		海州古城是连云港城市源头和起点。最早海州城南边是山，北边是海，所以只有东西两座城门，东门现已不存，西门是现在的鼓楼，鼓楼以东是老城，即南北朝以前的朐县，以西是新城，唐宋后修建。城南即板浦盐场与板浦镇，乾隆年间两淮盐运司淮安分司移驻海州，称为海州分司
	淮安市	河下古镇⚐		明清时期，淮北盐掣验所设在河下古镇，徽商、晋商等纷纷聚居河下，古镇因盐商的到来面貌也大为改观。道光年间，因淮盐积课甚多，陶澍将淮北盐“纲盐法”改为“票盐法”，淮北掣验所移至西坝，河下古镇渐渐衰落

（续表）

所属省份	所属市/县	聚落名称	聚落照片	聚落简介
		淮安古城（	 	淮安古城处于故黄河、淮河、京杭大运河交汇处，漕运总督、河道总督、淮北盐运分司等都驻节于此，使淮安成为全国漕运指挥中心、淮北盐集散中心、黄淮和运河治理中心等。鼎盛时期的淮安古城曾与扬州、苏州、杭州并称运河线上的“四大都市”
	徐州市	窑湾古镇（	 	窑湾古镇距东海产盐地数十千米，海州大批食盐外输西行运至窑湾，经京杭大运河向南北输送，窑湾盐贩逐渐形成了盐帮。古镇现存盐仓，镇西运河南北横延，镇东骆马湖南汇运河，镇中有条中河穿镇而过，中河及运河上曾遍布盐码头

（续表）

所属省份	所属市/县	聚落名称	聚落照片	聚落简介
	宿迁市	皂河古镇（	 	皂河古镇位于漕运要道，商贾行船不绝，淮北盐商定居于此经营盐业生意，皂河逐渐成为宿迁西北部经济贸易中心和水陆交通枢纽。镇上现存大量文物古迹、遗址、遗存及传说，如陈家大院是山东商人来此经营淮北盐业生意所住的宅居，还有皂河龙王庙，乾隆六次下江南，往返十一次宿顿于此
安徽省	亳州市	亳州（	 	亳州在明清两代是一大商埠，各地商人来此经营盐业、药业、铁货等，城内会馆林立、市面繁荣，被誉为全国四大药材集散地之一。亳州的商业是依靠涡河的航运发展起来的，过去汇集了安徽、山西、陕西、江西、福建等各省商人，其中以徽商和山陕商人居多

（续表）

所属省份	所属市/县	聚落名称	聚落照片	聚落简介
		涡阳县		涡阳县在明清时期属于淮北盐引地。原县治为雉河集，即张乐行的故乡。清代涡阳私盐泛滥，张乐行等私盐商贩在雉河集聚众发起捻军起义
		蒙城县		蒙城县位于涡河旁边，是淮北盐运古道涡河线上的一个口岸。现还有文庙、万佛塔、庄子祠等文物古迹
	蚌埠市	怀远县		怀远县位于涡河与淮河的交汇处，过去是淮北盐的集散地之一。图中可以看到左侧为淮河，右侧即为涡河
		沫河口镇		沫河口镇位于沫河与淮河的交汇处。清代，为防止私盐漏税，在此设置盐卡

（续表）

所属省份	所属市/县	聚落名称	聚落照片	聚落简介
	滁州市	凤阳县（		凤阳县旧为凤阳府治所，为淮北盐引地。现在存有明中都时期的鼓楼一座
	淮南市	寿县古城（		寿县古城在明清时为寿州州治，属凤阳府，是淮北盐引地。淮北盐出洪泽湖后经盱眙、五河、临淮、怀远抵寿州运销，寿州也是淮北盐商休息和中转之地
		正阳关镇（	 	正阳关镇因三水交汇的特殊地理位置，明朝起即设有钞关，“正阳关”因此得名。正阳关镇是淮北盐的集散地，淮北盐运至正阳关之后，一路沿颍河运至颍州，一路沿淮河进入河南境内，一路沿淠水运至六安，当时帆船竞至、商贾沓来

（续表）

所属省份	所属市/县	聚落名称	聚落照片	聚落简介
	六安市	毛坦厂镇（		淮北盐船出洪泽湖后，经泗州、五河、临淮、正阳等处，再通过支流运往盐引地。淠水线上的毛坦厂古镇是淮北盐由霍山县运往舒城、桐城的水陆中转地。清代，古镇居民主要以经营食盐、茶叶为生，大小盐店从街头开到街尾，并有专门从事盐业的工人
	合肥市	三河古镇（		三河古镇是清代巢湖地区淮北盐的重要集散地。淮北盐出场后运至瓜洲掣验进江，进入裕溪口运漕镇换船转入巢湖再运至三河镇集散
	桐城市	孔城镇（		孔城镇古时为长江水运与桐城地区的水陆中转站。古镇三面环水，水运发达，依水建埠，依埠建镇，是典型的水乡商埠。镇区以一条商业街为中心，以商贸物流为主体功能。清代，古镇中有专门的盐码头，淮北盐运送至此后转销桐城等地，目前老街整体保存完好

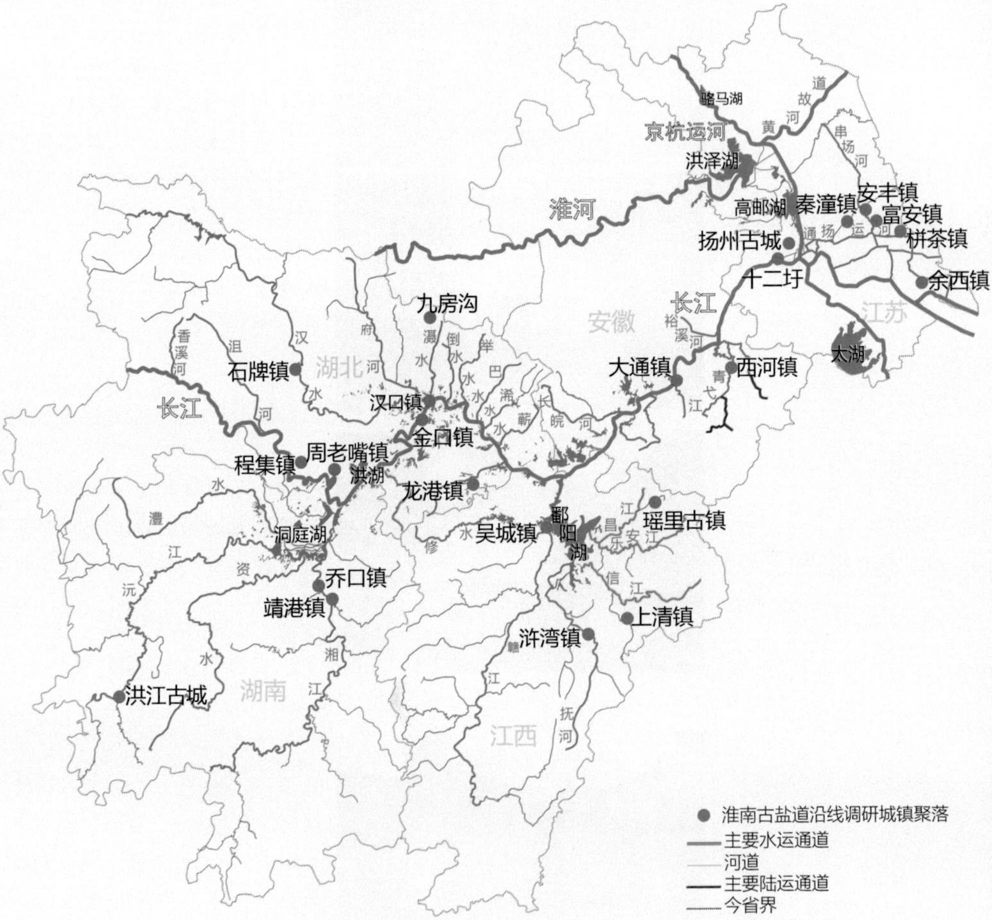

2. 淮南盐区部分盐业聚落图

淮南古盐道沿线城镇聚落①				
所属省份	所属市/县	聚落名称	聚落照片	聚落简介
江苏省	东台市	安丰镇☆		安丰镇位于江苏省盐城市境内，是典型的因产盐而生的古镇。早在唐开元年间就已建镇，明代时古镇是闻名天下的“淮南中十场”盐场之一。清代，安丰镇区建成了南北向古街。该镇是两淮盐区格局保存最为完整的产盐古镇之一
		富安镇☆		富安镇与安丰镇紧邻，古镇四面环水，也是典型的因产盐而生的古镇。目前古镇老街格局保存较为完整，多处盐商老宅被保留，如崔氏、卢氏住宅等，建筑中精美的砖雕、木雕和石雕无不向人们展示着古镇昔日的辉煌
	南通市	栟茶镇☆	 	栟茶镇位于江苏省南通市，古属通州分司，亦是淮南盐场之一。古镇整体格局得以保存，但仅北街风貌、青石板路保存最为完整。古镇与清代时格局基本一致，由运盐河一分为二。在运盐河东侧目前仍保存有清代盐场的关帝庙。在调研时笔者了解到当地仍保留有大量与淮盐有关的传说、民谣和风俗等

① 名称后加“☆”，表示该聚落为产盐聚落；名称后加“⚐”，表示该聚落为运盐聚落。

（续表）

所属省份	所属市/县	聚落名称	聚落照片	聚落简介
		余西镇☆		余西古镇位于江苏省东部，古为余西场。古镇四面环水，宛如一座小岛，内部采用“工”形街道布局。余西是目前江苏因产盐而生的古镇中，四面环水格局保存最为完整的
	泰州市	溱潼镇⚐		溱潼镇为泰州、盐城、南通三市交界点，坐落于苏中里下河地区，旧有“犬吠三县闻”之说。清代，淮南盐自盐场运出后，于溱潼镇停歇再运往扬州
	扬州市	扬州古城⚐		扬州位于长江与京杭大运河的交汇口，自古便是两淮盐商的大本营。清代因两淮盐务各衙署设于扬州，盐商们便纷纷迁居至此，兴建自宅，建设会馆、庙宇等建筑，大大促进了扬州城市的发展。目前，扬州古城北起东关街、南至古运河边的范围内，遍布盐商遗迹

（续表）

所属省份	所属市/县	聚落名称	聚落照片	聚落简介
		十二圩	 	十二圩位于长江沿岸，紧邻扬州，是我国历史上存续时间最长、转运量最大的盐运口岸之一。清同治时，十二圩成为淮南盐运的起点，以徽商为代表的各地盐商纷至沓来，古镇获得了快速发展，但随着淮南盐业经济的衰退，古镇又随之没落
安徽省	铜陵市	大通镇		大通镇是淮盐在皖江流域运输线路上的重要节点城镇。清代与安庆、芜湖、蚌埠齐名，为安徽四大商埠之一。清代，大通还设有专征江西、两湖及安徽中路盐税的盐务督销局
	芜湖市	西河镇		西河镇是皖江南岸青弋江沿线重要的淮盐运输中转站之一，其临近当时的盐运重镇湾沚、黄池，由古徽州前往扬州等地经商的盐运船只常在此停泊

（续表）

所属省份	所属市/县	聚落名称	聚落照片	聚落简介
江西省	抚州市	浒湾镇（）		浒湾镇是抚河沿线重要的淮盐中转站，盐船由蓼洲头进鄱阳湖后，再进抚河，过浒湾，再行南下销售。目前浒湾古镇抚河边仍保留有盐码头、盐仓等遗迹
	鹰潭市	上清镇（）		上清镇位于江西省鹰潭市上清河畔，是清代淮盐由信江运销资溪县的中转港口
	九江市	吴城镇（）		吴城镇位于鄱阳湖畔，自古便商贾云集，是江西四大名镇之一。淮盐在江西省内进行北路运输时，吴城镇是最为重要的集散地。清代吴城镇曾经会馆林立，但目前仅江西会馆保存相对完整
		瑶里古镇		清代淮盐由浮梁县集散，经东河运往瑶里。瑶里古镇有丰富的窑材、高岭土等制瓷资源，故而商人将高岭土等运往景德镇后，便将淮盐带回进行转售

（续表）

所属省份	所属市/县	聚落名称	聚落照片	聚落简介
湖北省	武汉市	汉口镇		汉口镇位于长江、汉水交汇处，兼具长江、汉水之利。汉口自明朝万历年间起就成了淮盐在湖广地区的集散中心，湖广各地淮盐价格均依据其与汉口距离长短而定。乾隆年间，汉口所销盐引数已达淮盐全国盐引数的一半，是两淮盐业第一销售口岸
		金口镇		金口镇位于武汉市江夏区，古称涂口，以金水河（古称涂川、涂水）入长江之口得名。清代金口由于地理位置十分便于船只停靠，故而成为淮盐出汉口向南运输线路上的第一个集散地与中转港口
	荆门市	石牌镇		石牌镇位于湖北省荆门市东端，紧靠汉水河畔，是淮盐在湖北西路运输线上的重要节点，西路运输线原为淮盐运销鄂西北地区的运盐线路，但实为淮盐在江汉平原的销售路线

（续表）

所属省份	所属市/县	聚落名称	聚落照片	聚落简介
		九房沟（	 	九房沟位于鄂东北，自古便是淮盐的销售范围。由于特殊的地理位置，该地既可通过长江支流转进长江，又因靠近淮河而可快速进入淮河流域，集长江、淮河之利于一身的九房沟便成了淮盐商人理想的聚居地。目前九房沟还保留有大规模的清代盐商颜氏古住宅群
		周老嘴镇（		周老嘴镇位于湖北省荆州市监利市北部。古时淮盐到达古镇后需分三路运往不同方向，因而周老嘴实为淮盐在江汉平原的集散地之一
		程集镇（		程集镇位于湖北省荆州市监利市西陲，江陵、监利、石首三地交界之处，现存有程集老街和三岔街。古镇凭借着紧邻长江支流的地理优势，成为当时淮盐在江汉平原运销的节点

（续表）

所属省份	所属市/县	聚落名称	聚落照片	聚落简介
	黄石市	龙港镇		龙港镇位于黄石市阳新县西南，以龙港河得名。清末民初，龙港镇为重要的商品集散地，淮盐亦在此行销。抗战时期，古镇沦陷之前，大量商人涌入此地，在此避难经商，为龙港镇的发展带来了机遇。但不久龙港镇便沦陷了，之后龙港镇也渐渐衰落
湖南省	长沙市	靖港镇		靖港镇位于湖南省长沙市望城区，是淮盐在湖南湘水运输线路上的主要经销口岸。靖港古镇现保存着“八街四巷七码头”格局，“宏泰坊”“育婴堂”等晚清砖木结构建筑保存完好
		乔口镇		乔口镇地处长沙市北端，位于长沙、益阳、岳阳三地交界处，是明清时期湘江极为重要的水运集镇，也是淮盐自长沙府运销益阳县极为重要的中转集镇
	怀化市	洪江古城	 	洪江古城位于沅水与㵲水交汇口。古城是淮盐在湖南沅江销售线路上最为重要的节点，故清代曾在此设淮盐缉私局和盐仓。盐仓紧邻缉私局，是用来储存收缴而来的私盐的。除缉私局与盐仓外，洪江古城中还有新安会馆，为清代徽商在此经营淮盐之用

参考文献

专著

[01] 童濂．淮北票盐志略 [M]. 刻本．连云港：出版者不详，1832.
[02] 佚名．两淮鹾务考略 [M]. 抄本．出版地不详：出版者不详，出版时间不详．
[03] 吉庆监修，王世球纂．两淮盐法志 [M]. 刻本．出版地不详：出版者不详，1748.
[04] 佶山监修，单渠总纂，方浚颐续纂．两淮盐法志 [M]. 刻本．扬州：扬州书局，1870.
[05] 曾国荃等修，魏光焘改修，王安定等纂．两淮盐法志 [M]. 刻本．出版地不详：出版者不详，1905.
[06] 钟泰，宗能徵．亳州志 [M]. 活字本．出版地不详：出版者不详，1894.
[07] 贡震．灵壁县志 [M]. 刻本．出版地不详：此君草堂，1760.
[08] 王觐宸纂，程业勤增订．淮安河下志 [M]. 抄本．出版地不详：出版者不详，出版时间不详．
[09] 汪兆璋修，杨大经纂．淮南中十场志 [M]. 刻本．出版地不详：出版者不详，1763.
[10] 新沂市地方志编纂委员会．新沂县志 [M]. 南京：江苏科学技术出版社，1995.
[11] 穆彰阿，潘锡恩．大清一统志 [M]. 上海：上海古籍出版社，2008.
[12] 汪崇筼．明清徽商经营淮盐考略 [M]. 成都：巴蜀书社，2008.
[13] 卫哲治等修，叶长扬等纂，荀德麟等点校．乾隆淮安府志 [M]. 北京：方志出版社，2008.
[14] 南京师范学院地理系江苏地理研究室．江苏城市历史地理 [M]. 南京：江苏科学技术出版社，1982.

[15] 孙家山．苏北盐垦史初稿［M］．北京：农业出版社，1984.
[16] 曾仰丰．中国盐政史［M］．上海：上海书店，1984.
[17] 吴良镛．广义建筑学［M］．北京：清华大学出版社，1989.
[18] 姚汉源．京杭运河史［M］．北京：中国水利水电出版社，1998.
[19] 郭正忠．中国盐业史（古代编）［M］．北京：人民出版社，1997.
[20] 李晓峰．乡土建筑——跨学科研究理论与方法［M］．北京：中国建筑工业出版社，2005.
[21] 吴加庆．淮盐今古［M］．北京：中国文史出版社，2005.
[22] 湖北省建设厅编著，张发懋总主编，李百浩、李晓峰本册主编．湖北传统民居［M］．北京：中国建筑工业出版社，2006.
[23] 李洪甫，刘怀玉等．淮北食盐集散中心淮安［M］．北京：中国书籍出版社，2008.
[24] 赵逵．川盐古道：文化线路视野中的聚落与建筑［M］．南京：东南大学出版社，2008.
[25] 戴志坚．中国传统建筑装饰构成［M］．福州：福建科学技术出版社，2008.
[26] 李晓峰等．两湖民居［M］．北京：中国建筑工业出版社，2009.
[27] 李建忠．古韵亳州［M］．合肥：安徽人民出版社，2009.
[28] 雍振华．江苏民居［M］．北京：中国建筑工业出版社，2009.
[29] 单德启．安徽民居［M］．北京：中国建筑工业出版社，2009.
[30] 刘森林．中华民居——传统住宅建筑分析［M］．上海：同济大学出版社，2009.
[31] 刘爱华．中华民居［M］．北京：农村读物出版社，2010.
[32] 魏挹澧．湘西风土建筑——巫楚之乡　山鬼故家［M］．武汉：华中科技大学出版社，2010.
[33] 郭瑞民．豫南民居［M］．南京：东南大学出版社，2011.

[34] 陈志华，李秋香．中国乡土建筑初探 [M]．北京：清华大学出版社，2012.
[35] 含山县运漕镇人民政府，含山县文广新局．江北重镇运漕 [M]．合肥：安徽人民出版社，2013.
[36] 王振忠．明清徽商与淮扬社会变迁 [M]．北京：生活·读书·新知三联书店，2014.
[37] 郭万清．安徽地区城镇历史变迁研究 [M]．合肥：安徽人民出版社，2014.
[38] 亳州市文联．亳州史话 [M]．北京：社会科学文献出版社，2014.
[39] 张继玲．淮北史话 [M]．北京：社会科学文献出版社，2014.
[40] 马俊亚．区域社会发展与社会冲突比较研究：以江南淮北为中心（1680—1949）[M]．南京：南京大学出版社，2014.
[41] 李新建．苏北传统建筑技艺 [M]．南京：东南大学出版社，2014.
[42] 赵逵，邵岚．山陕会馆与关帝庙 [M]．上海：东方出版中心，2015.
[43] 丁援，宋奕．中国文化线路遗产 [M]．上海：东方出版中心，2015.
[44] 赵逵．历史尘埃下的川盐古道 [M]．上海：东方出版中心，2016.
[45] 程立中．亳州旧志与地方文化研究 [M]．合肥：安徽大学出版社，2016.
[46] 刘森林．苏北镜像：平原 变迁 建筑 [M]．上海：上海大学出版社，2016.
[47] 甄新生，王丹．皖西水圩民居 [M]．长沙：湖南人民出版社，2016.

[48] 徐顺荣．扬州古代盐业盐运史述 [M]．扬州：广陵书社，2017.
[49] 吴海涛．淮河流域环境变迁史 [M]．合肥：黄山书社，2017.
[50] 赵逵，白梅．天后宫与福建会馆 [M]．南京：东南大学出版社，2019.
[51] 赵逵，张晓莉．中国古代盐道 [M]．成都：西南交通大学出版社，2019.
[52] 陈饶．江淮东部城镇发展历史研究 [M]．南京：东南大学出版社，2019.

期刊、会议论文

[01] 孙寿成．黄河夺淮与江苏沿海潮灾 [J]．灾害学，1991（4）.
[02] 赵毅．明代淮盐流通及管理机制 [J]．史学集刊，1991（2）.
[03] 王振忠．明清淮安河下徽州盐商研究 [J]．江淮论坛，1994（5）.
[04] 朱宗宙．扬州盐商的地域结构 [J]．盐业史研究，1996（2）.
[05] 李三谋．清代灶户、场商及其相互关系 [J]．盐业史研究，2000（2）.
[06] 胡锦贤．清代盐商笔下的汉口镇 [J]．湖北大学学报：哲学社会科学版，2002（5）.
[07] 汪崇筼．清代徽州盐商的文化贡献之一：捐资兴教 [J]．盐业史研究，2004（2）.
[08] 郭峰．两淮产盐及行盐四省图 [J]．地图，2005（4）.
[09] 何峰．明清淮南盐区盐场大使的设置、职责及其与州县官的关系 [J]．盐业史研究，2006（1）.
[10] 吴海波．清代两淮灶丁之生存环境与社会功能 [J]．四川理工学院学报：社会科学版，2009，24（5）.
[11] 王艳秋，朱翔．千年古韵 文化传承——窑湾古镇建筑艺术初探 [J]．艺术研究，2010（1）.

[12] 刘昱．皖北传统建筑风格与构造特征初探——以亳州北关历史街区为例 [J]．合肥工业大学学报：社会科学版，2011（5）．
[13] 金乃玲，沈欣．皖北地区传统建筑的主要类型及型制 [J]．工业建筑，2012（5）．
[14] 王筱倩，过伟敏．扬州传统民居建筑特征研究综述 [J]．扬州大学学报：人文社会科学版，2012（3）．
[15] 郝强，茅陈楠．浅析苏北传统民居建筑装饰艺术 [J]．建设科技，2012（14）．
[16] 鲍俊林．再议黄河夺淮与江苏两淮盐业兴衰——与凌申先生商榷 [J]．盐业史研究，2013（3）．
[17] 郑伟斌．清代河南的盐业市场 [J]．盐业史研究，2013（4）．
[18] 王振忠．再论清代徽州盐商与淮安河下之盛衰——以《淮安萧湖游览记图考》为中心 [J]．盐业史研究，2014（3）．
[19] 奚敏．淮盐文化线路的判别与梳理 [J]．淮阴工学院学报，2014（4）．
[20] 陈坦，常江．浅析“熵”视角下的历史文化名镇保护与发展——以苏北古镇窑湾为例 [J]．生态经济，2014（10）．
[21] 吉成名．湘籍盐商与扬州湖南会馆 [J]．盐业史研究，2015（2）．
[22] 荀德麟．黄河故道的形成及其文化遗产 [J]．江苏地方志，2015（1）．
[23] 陈丹彤．窑湾古镇景观与建筑艺术形态分析 [J]．家具，2015(1)．
[24] 赵逵，张晓莉．江苏盐城安丰古镇 [J]．城市规划，2015（12）．
[25] 鲍俊林．试论明清苏北“海势东迁”与淮盐兴衰 [J]．清史研究，2016（3）．
[26] 荀德麟．淮北盐河考 [J]．淮阴工学院学报，2016（2）．
[27] 徐应桃．权力、财富与民众利益——以清代淮盐行销河南的区域变动为例 [J]．河北北方学院学报：社会科学版，2016（4）．

[28] 蔡立志．从板浦盐场至台北盐场——这一座历史悠久、贡献卓著的盐场 [J]．江苏地方志，2016（4）．

[29] 胡可明．业鹾早退鹾亦早的青口盐场——淮北盐区青口盐场历史变迁简述 [J]．中国盐业，2016（20）．

[30] 严昊宇，胡俊烨．六安市毛坦厂明清老街保护研究 [J]．城市学刊，2016（1）．

[31] 关传友．论寿县正阳关镇的历史地位 [J]．淮南师范学院学报，2017（6）．

[32] 赵逵，张晓莉．江苏盐城富安古镇 [J]．城市规划，2017（6）．

[33] 赵逵，张晓莉．江西抚州浒湾古镇 [J]．城市规划，2017（10）．

[34] 徐俊嵩．清前中期亳州的商业 [J]．城市史研究，2017（2）．

[35] 李岚，李新建．江苏沿海淮盐场治聚落变迁初探 [J]．现代城市研究，2017（12）．

[36] 孙亚兰．徽派砖雕在扬州民居建筑装饰中的演变与发展 [J]．艺术研究，2017（1）．

[37] 田冰．明代黄河水患对黄淮平原民生的影响 [J]．中州学刊，2019（9）．

[38] 赵逵，刘乐，肖铭．湖北房县军店老街 [J]．城市规划，2018（1）．

[39] 赵逵，张晓莉．淮盐运输线路及沿线城镇聚落研究 [J]．华中师范大学学报：自然科学版，2019（3）．

[40] 赵逵，白梅．安徽省六安市毛坦厂古镇 [J]．城市规划，2020（1）．

[41] 徐靖捷．从“计丁办课”到“课从荡出”——明代淮南盐场海岸线东迁与灶课制度的演变 [J]．中山大学学报：社会科学版，2020（5）．

[42] 赵逵，程家璇．江西省九江市永修县吴城古镇 [J]．城市规划，2021（9）．

[43] Li Youzi. Dynamic culture reflected in ancient Chinese architecture[J]. *China Week*，2003（11）.

学位论文

[01] 郭峰 . 隋唐五代开封运河演变与城市发展互动关系研究 [D]. 西安：陕西师范大学，2007.
[02] 张献萍 . 白雀园老街实态及再利用研究 [D]. 郑州：河南大学，2007.
[03] 高琦 . 湖南洪江黔城古城研究 [D]. 武汉：武汉理工大学，2008.
[04] 徐丹 . 明朝两淮余盐政策浅析 [D]. 厦门：厦门大学，2009.
[05] 王俊清 . 明清时期淮河流域水灾与城市变迁 [D]. 郑州：郑州大学，2010.
[06] 周德春 . 清代淮河流域交通路线的布局与变迁 [D]. 上海：复旦大学，2011.
[07] 刘芳心 . 北宋开封水系研究 [D]. 上海：上海师范大学，2012.
[08] 刘阳 . 明代两淮盐商之囤户研究 [D]. 大连：辽宁师范大学，2012.
[09] 吴小宝 . 三河古镇传统街巷空间形态研究 [D]. 合肥：合肥工业大学，2012.
[10] 李阳 . 三河古镇传统民居建筑形式与空间研究 [D]. 合肥：合肥工业大学，2012.
[11] 周文逸 . 扬州东圈门汪氏小苑建筑空间研究 [D]. 南京：南京艺术学院，2012.
[12] 徐建卓 . 扬州传统建筑砖作研究 [D]. 南京：南京工业大学，2012.

[13] 王理娟 . 扬州老城区盐商宅居空间特征研究 [D]. 广州：华南理工大学，2012.

[14] 王筱倩 . 扬州老城区建筑遗产形态特征的整体性研究——以传统民居为例 [D]. 无锡：江南大学，2012.

[15] 蒋忠华 . 扬州清代两淮盐商建筑遗存研究 [D]. 兰州：西北师范大学，2013.

[16] 韩为静 . 康乾两淮盐政研究 [D]. 长春：东北师范大学，2013.

[17] 陈凤秀 . 清代寓扬徽州盐商社会网络研究——以江春为中心 [D]. 芜湖：安徽师范大学，2013.

[18] 鲍俊林 . 明清江苏沿海盐作地理与人地关系变迁 [D]. 上海：复旦大学，2014.

[19] 刘艺 . 淮安传统民居形态特征研究 [D]. 无锡：江南大学，2014.

[20] 徐应桃 . 清代河南食盐行销引岸变动研究——以芦、鲁、淮、潞盐为中心 [D]. 兰州：西北师范大学，2016.

[21] 周虹宇 . 皖南与皖中地域建筑风貌解析与传承方略研究 [D]. 合肥：合肥工业大学，2016.

[22] 李小芳 . 江西省传统村落空间分布及文化特征研究 [D]. 南昌：江西师范大学，2016.

[23] 刘乐 . 川盐古道鄂西北段沿线上的聚落与建筑研究 [D]. 武汉：华中科技大学，2017.

[24] 夏咸龙 . 清代两淮盐场市镇研究 [D]. 大连：辽宁师范大学，2017.

[25] 张晓莉 . 淮盐运输沿线上的聚落与建筑研究——以清四省行盐图为蓝本 [D]. 武汉：华中科技大学，2018.

[26] 沈硕 . 苏中通扬运河沿线历史城镇空间形态研究 [D]. 南京：东南大学，2018.

[27] 赵晓雨．正阳关古镇研究——以文化遗产调查与保护为例 [D]. 合肥：安徽大学，2019.

[28] 苗天添．苏鲁豫皖交界圈传统民居大木作营造技术及相关内容研究 [D]. 徐州：中国矿业大学 . 2019.

[29] 廖瑜．明清淮南盐场聚落体系研究——以泰州分司八场为考察中心 [D]. 南京：东南大学，2019.

[30] 张颖慧．淮北盐运视野下的聚落与建筑研究 [D]. 武汉：华中科技大学，2020.

[31] 肖东升．两浙盐运视野下的聚落与建筑研究 [D]. 武汉：华中科技大学，2020.

[32] 匡杰．两广盐运古道上的聚落与建筑研究 [D]. 武汉：华中科技大学，2020.

[33] 郭思敏．山东盐运视野下的聚落与建筑研究 [D]. 武汉：华中科技大学，2020.

[34] 王特．长芦盐运视野下的聚落与建筑研究 [D]. 武汉：华中科技大学，2020.

[35] 陈创．河东盐运视野下的陕、晋、豫三省聚落与建筑演变发展研究 [D]. 武汉：华中科技大学，2020.